ブラックホール・膨張宇宙・重力波

一般相対性理論の100年と展開

真貝寿明

光文社新書

まえがき

ブラックホール・膨張宇宙・重力波――。これら三つは、一般相対性理論から導かれる物理現象であり、現在の研究者が真剣に取り組んでいる研究テーマである。

アインシュタインが1915年に提出した一般相対性理論は、普段、私たちが絶対的なものと感じている「時間」も「空間」も、トランポリンの膜のように伸びたり縮んだりすることを予言する。この理論によると、太陽のような巨大な星の周りではその質量によって空間がゆがみ、直進しているはずの光の経路は、ゆがんだ空間に沿って曲げられてしまう。重い星はレンズのように光を曲げることになる。重力レンズと呼ばれる現象だ。にわかには信じがたい現象だが、理論が発表されて4年後の1919年5月の皆既日食時に、理論通りに光が曲がって進むことが確認された。時空は確かに「ゆがむ」のだ。

重力の正体は空間のゆがみだ、とする考えは、アインシュタイン以外には誰も思いつかなかった。幾何学という数学を、自然現象を説明する物理学に応用したのは、彼の努力と物理的なセンスの賜物《たまもの》である。ここでの物理的なセンスとは、「自然現象を記述する数式は、このような形でなければならない」と見抜く洞察力である。アインシュタインには卓越したアイデアがあり、彼自身も自分の物理的な感覚に自信を持っていた。ところが、その自信は災いし、数々の間違いを起こすことにもなる。

実は、アインシュタインは、自ら導いた一般相対性理論（あるいはその中核となるアインシュタイン方程式と呼ばれる式）が出してくる結論を受け入れることができず、さまざまなエピソードを残している。例えば、シュヴァルツシルトが導いた解（今ではブラックホールの解として知られるシュヴァルツシルト解）に対して、「計算は合っているが、物理的にあり得ないような簡単な状況を設定しているようだ」と評した。また、宇宙全体が膨張している解を示したルメートルに対して「あなたの計算は正しいが、こんな解を信じるなんて、あなたの物理的センスは言語道断だ」とまで糾弾している。重力波の存在も、自身で一度予言しながら10年後には考え直して「物理的には存在しない」という論文を書きかけたほどである。つまり、現在の研究の主流である三つのトピックについて、いずれも一度は拒否反応を示したことになる。

アインシュタイン自身の想像を超えるほど、一般相対性理論が描く世界は奇妙なのだ。

＊　＊　＊

アインシュタイン方程式はあまりにも複雑で、解けずにそのままになる問題が多い。今でも簡単な設定でしか解析できず、コンピュータのシミュレーションでそれらしい結果が得られるようになったのも最近10年ほどのことである。

私は、一般相対性理論に関連する研究に携わって25年ほどになる。ブラックホール・膨張宇宙・重力波の三つのテーマはもちろんのこと、時空の虫食い穴（ワームホール）構造や高次元時空の研究にも手を広げてきた。研究に取り組んでいるときには、いつでも、どのような結論になるのかを予想しながら進めているが、アインシュタイン方程式が描き出す結論には予想を裏切られることもある。そして、そのたびに研究にさらに魅了される体験を重ねてきた。

本書では、一般相対性理論が誕生してからの100年間に、どのようにして、この理論が理解されてきたのかを紹介したい。そして、この偉大な理論に対して、研究者が困惑しつつも楽しみながら研究をしている様子を伝えられたら、と思う。

タイトルに掲げた三つのテーマについて、簡単に紹介しておこう。

ブラックホール

ブラックホールとは、光さえも脱出することができない重い天体である。ブラックホールという言葉は、ホイーラーが1967年に命名したことから使われ始めた。アインシュタインは1955年に亡くなっているので、アインシュタインはブラックホールという言葉を知らなかったはずである。ブラックホールらしき天体が初めて観測されたのは1970年代に入ってからのことだ。現在では30以上の候補天体が知られている。

ブラックホールが観測されている、といっても実はブラックホールそのものが見えているわけではない（直接、光を発しないので、「見えない天体」というのが定義になる）。それでもブラックホールの存在がわかるのは、ブラックホールに吸い込まれているガスの分子同士がぶつかり合ってX線などの電磁波を強力に放射するからである。ガスが「明るく光る」ため、私たちはブラックホールに吸い込まれていくことがわかるのだ。だから、ブラックホールは天文学的には「明るい天体」とも言える。

私たちの銀河系の中心部分にも超巨大なブラックホールが存在している。太陽の実に400万倍以上の質量と見積もられている。最近では、巨大なパラボラアンテナを何台も同時に使う電波望遠鏡で、銀河中心のブラックホールについても解明が進んできている。望遠鏡の解像度をもう少し良くすることができれば、ブラックホールの「黒い姿」が本当に見えるかもしれない、と期待されている。

膨張宇宙

宇宙には始まりがあり、ビッグバンと呼ばれる大爆発で今から138億年前に誕生した。超高温・超高圧だった火の玉宇宙は、周囲に空間を広げつつ膨張し、次第に温度を下げていく。素粒子として拡散した物質は、原子・分子へと結合し、やがて星や銀河を構成する。今でも宇宙は膨張を続けていて、宇宙空間の温度は、摂氏マイナス270度（絶対温度2・7度）程度になっている。これが、我々が把握している大まかな宇宙の歴史である。

一般相対性理論は、宇宙という「空間」が膨張や収縮を行うことが自然である、ということを導き出す。この事実を知ったアインシュタインは、「宇宙は未来永劫変わらずに存在するはずだ」という信念にとらわれ、「止まっている宇宙」を何とか導き出そうと自身の方程式に修正項を加えてしまう。しかし、ルメートルやハッブルによって宇宙全体が膨張していることが報告されると、さすがに膨張宇宙モデルを認めざるを得なくなった。

宇宙膨張をさかのぼると、宇宙全体は一つの点から始まることになる。すべての銀河系が本当に一つの点からスタートしたのだろうか。宇宙が火の玉から始まったとするビッグバンの考えが認められるまでには20年近くを要した。決め手となったのは、宇宙が過去に非常に高温だった、という痕跡（宇宙背景放射）の発見である。

現在、遠方にある超新星爆発やガンマ線バーストと呼ばれる天体の観測、宇宙背景放射の詳細な観測が進んでいるが、私たちの宇宙は、一般相対性理論が想定する以上に膨張を加速しているという不思議な事実がわかってきた。加速膨張をもたらす物質を「ダークエネルギー」と名付け、正体を模索している状態である。

重力波

重力波とは、時空に生じた「ゆがみ」が波となって伝わる現象である。池に石を投げ込むと、水面には同心円状に波が広がっていくように、重力波は中性子星やブラックホールの衝突などで生じる時空のゆがみを、空間を通じて周囲に伝える。つまり、時間や長さの尺度に生じるゆれが波のように伝えられてゆく。

残念ながら、これまで地球上で重力波をとらえたことはない。重力波はとてつもなく弱い波だからだ。だが、日本と欧米では、重力波を観測するための巨大なレーザー干渉計が稼働を始めている。強いレーザー光線を長さ数キロメートルの真空チューブの中を異なる二つの経路で往復させ、空間のゆがみの通過を検出する試みである。

日本は、岐阜県神岡の山中に長さ3㎞のトンネルを2本掘り、大型低温重力波望遠鏡KAGRA（かぐら）を建設中である。神岡の「か」と、重力波（gravitational wave）をイメージさせる「ぐら」を合わせた名前だが、命名にあたっては、神様に奉納する踊りである「神楽」との語呂合わせも想定したそうである。

２０１６年には、感度を向上させた検出装置が世界中で出揃い、運が良ければ数年以内に「ついに重力波を直接検出」というニュースが流れることになるだろう。そうなれば、発見したグループのノーベル賞受賞は確実であろう。

＊　＊　＊

２０１５年は、アインシュタインが一般相対性理論を創《つく》りあげて、ちょうど１００年になる。今でこそ、一般相対性理論の教科書は世の中にあふれ、物理を専攻する大学生であれば、学ぶべきカリキュラムに沿って約１ヶ月でアインシュタイン方程式に到達することができる。しかし、それはゴールが示されているからこその道筋である。途中で登場するリーマン幾何学のテンソル計算は、実に地味で、私自身も計算しながら、「よくぞこんな計算が重力に関係していると看破できたものだ……」と今でも思う。

本書では、１００歳になる一般相対性理論が、誕生から今日までどのように受け止められ、私たちにどんな知見をくれたのか、そしてこれからどこへ向かっていくのかを紹介していきたい。

ブラックホール・膨張宇宙・重力波——目次

第5章　宇宙論で見る100年

［第1章］

アインシュタインとその時代

1・1　特許局で働いていたアインシュタイン

アメリカの週刊誌『タイム』は、毎年第1号の表紙に、前年に最も話題になった人物を掲載し、「パーソン・オブ・ザ・イヤー」と称する特集を組んでいる。1999年12月31日号では、特別に「パーソン・オブ・ザ・センチュリー」として過去100年間に最も影響があった人物を選出した（図1）。

図1　『タイム』誌1999年12月31日号の表紙。

アルベルト・アインシュタインである。1879年にドイツで生まれ、1905年にその後の物理学を書き換える三つの論文を発表した理論物理学者だ。

アインシュタインほど有名な人はいないだろう。また、彼ほど多く語られている学者も他にいない。よく挙げられるエピソードを交えて、若い時期のアインシュタインを簡単に紹介してゆこう。

・アルベルト・アインシュタインは、1879年3月14日、ドイツ南部の中都市ウルムで生まれた。父ヘルマン、母パウリーネの長男であり、2歳下には妹マヤが生まれた。
・父ヘルマンは、アインシュタインが6歳のとき、弟ヤコプと発電機やアーク灯を製作する会社を設立した。父の会社はアインシュタインに電磁気学に対する関心を向けた。
・本人が「自伝ノート」に天啓を受けたと称しているエピソードが幼少期と少年期にある。一つは、4歳か5歳の頃、父親から方位磁針を見せられたことで、磁石の針がいつも決まった方向を向いていることに非常に興味を持ったという。ものごとの背後には深く隠された何かがあるにちがいない、という考えをこのときに持ったそうだ。また、「ピタゴラスの定理」について説明されたときには、この定理を何とか自分で証明しようと努力し、ついに証明方法の一つを発見したという。証明できた達成感が、楽しさになったそうだ。12歳でユークリッドの「平面幾何学」の本に出会ったときには、幾何学の「明瞭さと正確さ」に深い感銘を受けたという。
・父の経営する電機会社は設立当初は順調だったが、時代の流れで発電機製造が追い込まれ、1894年に倒産する。アインシュタイン一家は、ギムナジウム（8年制の中等教育機関）で勉強するアルベルトを一人残してイタリア・ミラノへ移住した。

・当時のギムナジウムでは、暗記中心のギリシャ語とラテン語が重視されていて、アインシュタインにとっては苦痛だった。また、規律が厳しい学校にも馴染《なじ》めず、軍国主義が強まるドイツにも嫌気がさして、彼は16歳のときに勝手に退学し、家族の住むミラノへ合流する。ギムナジウムを卒業できないと、ドイツの大学への入学資格がなくなることを承知しての決断だった。

・早く就職したいと考えたアインシュタインは、チューリッヒ連邦工科大学（ＥＴＨ）への進学を考えた。入学資格規定の18歳には達していなかったが特別に入試を受けさせてもらった。結果は数学と科学は十分に合格点だったが、歴史・地理・国語の得点が足りずに不合格となる。しかし、学長の薦めによってスイス・アーラウ州立学校へ編入し、翌年には再びＥＴＨを受験して合格した。アーラウ州立学校ではドイツとはまったく異なる対話式の自由な教育方法が行われていた。

・アーラウにいたとき、「光の速さで動く人が、手前に鏡を置いたとき、自分の顔は鏡に映るのか」という相対性理論の原点となる疑問を持った（第2章で紹介する）。

・数学と科学の教職に就くことをめざしてＥＴＨに入学したアインシュタインだったが、自分に興味のないことには極力関わらない性格だったため、試験の際には友人のノートの助けにすがることもあったようだ。大学では、その後アインシュタインを幾度も助けることになる数学専攻のグロスマンや、後に結婚することになるミレヴァ・マリッチに出会う。ミレヴァは同じ物理学を志す学生だった。

・大学の指導教授ヴェーバーの出した卒業論文のテーマについて、アインシュタインはやる気が出ずにいい加減な論文を提出した。そのため、大学卒業後の就職について教授からの良い推薦書が得られず、アインシュタインは就職が決まらないまま、１９００年７月に大学を卒業する。卒業時の成績表を見ると、理論物理・実験物理・天文学はいずれも6段階中の5であり、決して優秀だったわけではなかった。

・卒業後の01年2月にはスイスの市民権を得たものの、就職浪人のアインシュタインは、家庭教師や高校代用教員、臨時教員などをしながらの生活を強《し》いられた。

・状況を見かねた友人のグロスマンが、彼の親の紹介を通じてスイス・ベルンの連邦工業所有権局（特許局）の職への応募を取り次いだ。数学と物理の能力が確かであることが面接で認められ、アインシュタインは三級専門技官として試用採用されることになった。このときのことをアインシュタインは「もし友人の助けがなかったなら、私は野垂れ死にはしなかっただろうが、精神的には萎縮しただろう」と回顧している。

・ようやく定職に就けたアインシュタインは、ミレヴァと1903年に結婚する。翌年には長男ハンス、10年には次男エドワルトが誕生した。
・特許局では真面目に勤務し、1日を8時間の勤務と8時間の睡眠・残りの8時間を研究と家族のために使う規則正しい役人生活を送った。04年9月には特許局で本採用となり、06年3月には2級専門技官に昇進している。

ここまでの若きアインシュタインの生涯をたどってみると、数学と物理は得意だが、その他のことには無頓着だった不器用な男が、ようやく職を得て順調に家族との生活を軌道にのせた、というストーリーになる。驚くことに、「物理学の奇跡の年」と呼ばれることになる革命をもたらした1905年当時、アインシュタインは特許局で真面目に仕事をしていた26歳だった。物理学者にはまったく知られていない無名の若者だった。この年に、彼は堰《せき》を切ったように5本の論文（そのうち一つは学位論文）を発表する。

アインシュタインがどんな論文を書いたのかを紹介する前に、次の小節で、物理学の簡単な歴史と、当時の物理学が何を問題としていたのかを短く紹介しよう。

1・2　物理学小史

近代物理学の成功——ニュートンの業績

物理学は、自然現象のしくみを解明する学問である。物理（physics）という学問名が一般的になるのは19世紀になってからだ。それまでは、自然哲学と呼ばれていた。

近代物理学を築いたのはニュートンである。彼は「18歳でケンブリッジ大学に入った頃は凡庸な学生だった」と自伝に書いている。しかし、大学3年生のとき、数学に本気で取り組み、古代ギリシャのユークリッドが著した幾何学の「原論」を読み始め、その後の2年間で、無限級数を用いた関数の展開式の発見・曲線の傾きの求め方の発見・双曲線の面積の求め方の発見などを次々と行った。この頃ペストが流行して大学が閉鎖になり、その間故郷に避難したニュートンは、微分積分法をまとめ、月が地球から距離の逆2乗に比例する重力を受けて運動をしている、という万有引力の着想を得ている。50年後の自伝では、1666年までの日々を「この2年間は私の生涯の創造力の頂点であった」とも回想している。

ニュートンが1687年に著した『自然哲学の数学的諸原理（プリンキピア）』では、物理

運動方程式

物体に力 F を加えると、

$$F = ma$$

物体には加速度 a が生じる。
その大きさは質量 m に反比例する。

図2　ニュートンが見出した運動方程式　この式は「加速度」a を求める式であり、加速度がわかれば速度がわかり、速度がわかると位置がわかることになるので、物体の運動が完全に理解できるようになる。

学の柱となっている三つの運動法則（ガリレイが考えついた慣性の法則、運動方程式、作用反作用の法則）と、万有引力の法則が書かれている。運動方程式は、「力」が加えられた物体には、その物体の質量に反比例した「加速度」が生じることを示した簡潔な式で、物理学の最も重要な式である（図2）。物体に力を加えれば動き出すが、ニュートンは動き出す本質は、速度ではなく、加速度であることを看破したのだ。

ニュートンは、さらに、万有引力の考えを導入した。月は地球に引き寄せられて地球の周りを公転運動している。地球は太陽に引き寄せられて太陽の周りを公転している。これらの原因は、質量をもつ物体すべてが引力を及ぼし合っているからだと考えた。図3の式で表される万有引力がはた

万有引力の法則

万有引力の大きさ F は、

$$F = G\frac{Mm}{r^2}$$

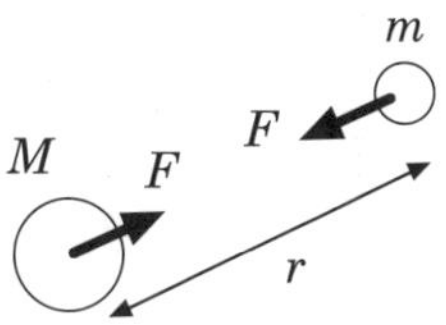

物体の質量 M と m に比例し、
距離 r の２乗に反比例する。

図３ 万有引力の大きさ F を表す式　すべての物質の間には引力がはたらき、その大きさは、互いの質量（m と M）に比例して、距離 r の２乗に反比例すると考えると、太陽系の惑星の運動も、地球上のリンゴの落下運動も説明できる。G は定数であり、万有引力定数と呼ぶ。

らくときの運動方程式の解は、楕円《だえん》・放物線・双曲線のいずれかになる。惑星の場合は、楕円運動になることをニュートンは証明した。

これは遡《さかのぼ》ること80年前にケプラーが観測データから「惑星は楕円運動する」と示した事実（ケプラーの惑星運動の第一法則）を「解明した」ことになる。神が創った自然界ならば、完璧に調和する円運動が基本にちがいない、と考えられていた当時の社会で、「楕円運動の方が自然ですよ」というメッセージを送ったのである（楕円運動は円運動も含む）。

さらにニュートンは、万有引力のように、つねに一点から力が生じている「中心力」の運動では面積速度一定の法則（ケプラーの第二法則）が成り立つこと（言い換えると、角運動量が保存すること)、および楕円運動を積分することによってケプラーの第三法則(公転周期と公転長半径の間に成り立つ比例関係)が成り立つことも示した。

ニュートンは、「なぜ万有引力が存在するのか」という神がかり的な問いかけはしなかった。万有引力の原因については棚上げしても、このようなシンプルな法則からあらゆる事実が説明できるのならば十分である、という立場をとったのである。運動方程式を使って運動を論じるときには、必ず初期条件(はじめにどのような位置にあり、どのような速度が与えられているのか)についての情報が必要になる。ニュートンは、初期条件の設定について「神の一撃」とは称したものの、運動の本質は数学的に解明しうることを示したのだ。

このように、数学を用いて自然現象を説明する手法は、科学を宗教から完全に独立させた。ケプラー、ガリレイ、ニュートンによって確立された科学的手法は、科学におけるルネッサンスだったのである。

ニュートン力学の確立

ニュートンの運動方程式は、素晴らしい確度で次々と自然の神秘を明らかにしていった。

例えば、ニュートンに『プリンキピア』の出版を勧め、自費出版の費用を用立てた天文学者のハレーは、万有引力と運動方程式の考えを用いて1682年に出現した大きな彗星《すいせい》の軌道を計算し、1456年・1531年・1607年・1682年に現れた彗星は同一の天体で、次回は1758年に回帰することを予言した。ハレー自身は次の出現を見ずに亡くなったが、予言通りに出現したことで、ハレー彗星と呼ばれることになった。

1781年、ハーシェルは、太陽系の7番目の惑星・天王星を発見した（もっともはじめハーシェルは「彗星」として報告した。惑星であることはレクセルとボーデによって独立に報告された）。ところが、天王星の軌道を長期間観測すると、予想された位置からずれが生じた。原因として考えられたのは、天王星のさらに外側を回る第8惑星の存在だった。

フランスではル・ヴェリエが予想軌道を算出し、ドイツのガレに観測依頼の手紙を出した。手紙を受け取ったその晩（1846年9月23日）に、ガレは計算値に非常に近い位置に惑星を発見した。一方、イギリスではアダムスが予想軌道を算出し、チャリスに観測を依頼していた。あまり乗り気でなかったチャリスは、1846年7月から観測を始め、星の位置の記録を付け始めた。しかし、星の同定作業を怠っているうちに、ガレによる海王星発見の報を知る。チャリスが自分自身の観測ノートを見直してみると、ガレより1ヶ月前に2度、海王星を記録していたが新惑星であることを見落としていたことがわかった。

どちらが先に海王星を発見したのか、という点に国を挙げての論争となったが、現在では二人とも発見者の扱いとなっている。いずれにせよ、まったく独立な二人の計算が、同じ位置に新惑星を予言するほど、ニュートン力学の信頼性は高かった。このようにして、19世紀には、ニュートンによる力学は、物理学の中で絶対的な地位を獲得していった。

電磁気学の確立

18世紀になって蒸気機関が発明されると、熱や化学の研究が盛んになり、電気化学の研究は電磁気学の発展へとつながる。電気が流れている導線の周りでは、方位磁針が向きを変える。また、逆に、磁石の間で導線のループを回転させると電気が発生する。このように電気と磁気は互いに相互作用することが、ファラデーによって発見された。そして電磁気学の基礎方程式はマクスウェルとヘルツによってまとめられる（マクスウェル方程式）。

マクスウェルの方程式は、電場と磁場が互いに作用し合って波として伝わることを示していた。電磁波（略して電波）である。後にヘルツによって無線機が発明され、ラジオやテレビから携帯電話に至るまで電磁波は我々の日常生活に溶け込んでいる。光も電磁波である。

運動や熱、電気などの研究が進むと、それらをすべて「エネルギー」という概念で結びつける研究へと進展した。19世紀後半には、日常生活で必要となる基本的な現象を説明する物理法則はほぼ出揃っていた。物理学の基礎の探求は終了し、あとは応用することだけが残された、とも考えられ始めていた。しかし、それもつかの間、新たな問題が浮上する。

黒体輻射とプランクの量子仮説

普仏戦争（プロイセン—フランス戦争、１８７０～71）で勝利したドイツ連邦は、フランスから、石炭を多く埋蔵するアルザス＝ロレーヌ地方を手に入れた。そして、国を挙げてこの地に製鉄業を興した。鉄は石炭と鉄鉱石を高温で溶かして作るが、溶鉱炉内の温度を正確に知る必要がある。しかし、数千度の高温状態を正確に測ることは難しかった。

物体は、温度に応じて熱を電磁波の形で放射する。経験的に、高温状態では「色」を見て、おおよその温度がわかることが知られていた（図４〔上〕、32ページ）。固体または液体を高温に熱すると赤く光るようになり、さらに高温に熱すると白く輝くようになる。しかし、なぜ、温度と色が関連するのか、当時の物理学では説明ができなかった。

いろいろな実験から次のようなことがわかってくる。オーストリア出身のシュテファンは、１８７９年、「温度が高くなれば、光のエネルギーがたくさん放出される（熱せられた物体か

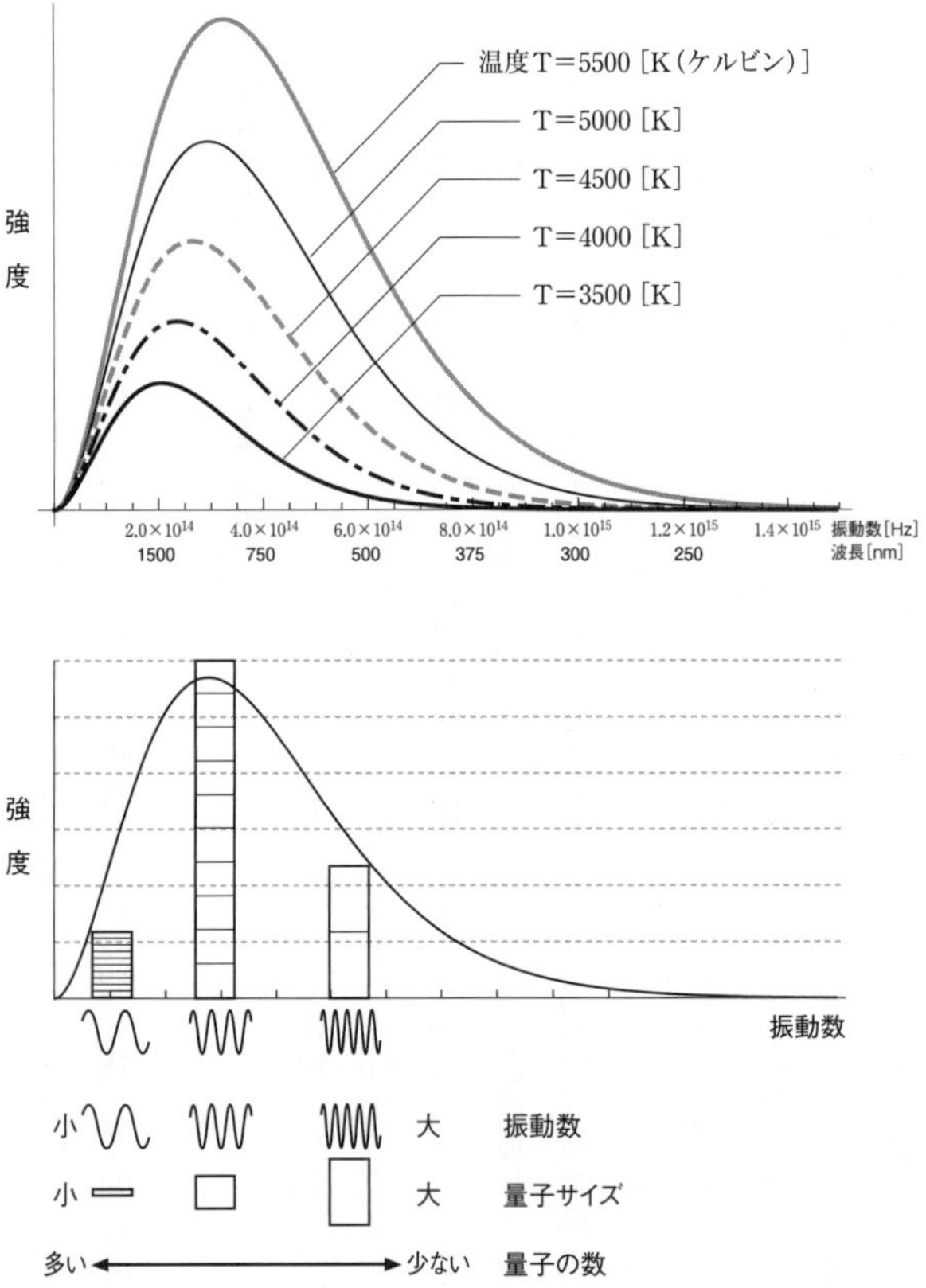

図4　光のスペクトル分布　〔上〕縦軸は光の強度、横軸は波長（振動数）を示す。左へ行くほど長波長（振動数が小さい）。温度によって光の色（振動数）が異なることがわかる。このような曲線になる原因が不明で物理学の大きな問題となった。〔下〕プランクによる曲線の説明図。光のエネルギーが１つ２つと量子化して数えられること、光の１つのエネルギーが振動数に応じて大きくなることを仮定すれば、（振動数の大きな光の数が減ることを含めて考えても）実験結果の曲線は説明できると提案した。

ら出てくる光の総量が、温度の４乗に比例する）」ことを実験から見いだした。84年には弟子のボルツマンが熱力学を駆使してこの結果に理論的な証明を与えた。今日ではシュテファン・ボルツマンの法則と呼ばれている。この法則を使うと、太陽の表面温度が約６０００度であることがわかる。地球上に太陽のエネルギーがどれだけ降り注いでいるかを測定することによって、太陽が放出しているエネルギーがわかり、その値から表面温度が計算できるのだ。このように、物体が、温度によって決まったエネルギーを放射することを**黒体輻射**《こくたいふくしゃ》（または黒体放射、black-body radiation）という。

ドイツのヴィーンは「高温になるほど、色が赤から青へ変化する」法則を93年に見いだした。また光の波長が短いとき（青い光の色側）に図４〔上〕の実験結果に合う式を出すことに成功した。イギリスのレイリーは光の波長が長いとき（赤い光の色側）に実験結果に合う式を出すことに成功したが、全体を整合するような説明ができない状態だった。

突破口を開いたのは、ドイツのプランクである。彼は「光のエネルギーは粒子のように一つ一つ数えることができ、その最小単位が存在する」とする量子仮説を１９００年に提案する。プランクは、光が持つエネルギーには振動数によって最小単位が決まっていると考えた。光のエネルギーを「箱の高さ」で表されるものとしよう（図４〔下〕）。振動数が小さいときは、一つ一つの粒子のエネルギーは小さな箱になり、その和としての光の強度も自然と弱くなる。振動数がゼロの極限では当然エネルギーもゼロになる。振動数が大きいときには、「箱の高さ」は大きくなるが、そのような光の個数が減るので光の強度はここでも小さくなる。したがって、どこか途中で光の強度はピークになり、図4のような分布が得られる、と考えるのだ。また、温度が高くなれば、より大きなエネルギーの光の粒子が発生する。そう考えれば、ピークの値が短波長側（大きな振動数側）に移動することも説明できる。

確かに、プランクの仮説では、光のエネルギー強度曲線をうまく（シンプルに）説明することができる。しかし、ニュートン以来、「光は波である」とする常識があり、光の持つエネルギーがとびとびの値を取ることは矛盾するアイデアでもあった。連続であるべきものなのに、離散的な値しか取れない、とする理屈が当時の物理学では説明できなかったのだ。プランク自身も、この仮説を、それまでの物理学を使って説明しようと試みていた。

1・3　1905年のアインシュタインの業績

アインシュタインが、1905年に次々と発表した論文を発表順にみていこう。

奇跡の年の3本の論文と称されている論文は、いずれもアインシュタインの単名で書かれた論文で、ドイツが当時発行していた学術誌『アナーレン・デア・フィジーク』に掲載されている。研究機関に所属していない無名の若者が、当時の物理学上の大問題に対する大胆な提案を投稿してきたことに対し、この学術誌がフェアに扱ったことにも注目したい。

光電効果の理論

一つめの論文は、光電効果に関する論文である。光電効果とは、金属に光を当てると、電子（光電子）が飛び出してくる現象である。

この論文の原題は『光の発生と変換に関する一つの発見的な見地について』である。3月18日に投稿され、6月号に掲載された。この論文のはじめで、アインシュタインは、「光が連続なものなのか不連続なものなのか、という対立を解決するためには、光が物質からどのようにして発生するのかのしくみに注意を向けなければならない」と述べている。

アインシュタインはプランクの量子仮説を用いて、光電子のエネルギーの値が照射する光の振動数で決まり、さらに光電子が飛び出すためには照射する光の振動数がある閾値《しきいち》以上でないといけないことを予言した。

アインシュタインの予想は、16年にミリカンの実験によって正しいことが示された。離散的な値を取るエネルギーの大きさを説明する比例定数（プランク定数）も、プランクが空洞放射から得た値とよく一致していた。光電効果の理論はその後の量子力学の発展の基礎となり、アインシュタインが21年にノーベル物理学賞を受賞するときの贈賞理由となった。

ブラウン運動の理論

二つめの論文は、ブラウン運動に関するものである。細かな花粉が水の上で不規則にいつまでも運動している現象で、植物学者のブラウンが発見したものだ。ブラウン自身は一種の生命体の存在をはじめに疑ったほどだったが、この運動の原因は不明だった。

アインシュタインの論文の原題は『熱の分子論から要求される静止液体中の懸濁粒子の運動について』である。5月11日に投稿し、7月号に掲載されている。この論文は、「ブラウン運動をする粒子の運動を測定することによって、原子（または分子）の存在が結論づけられる」ことを示している。当時、物理学者の間でもコンセンサスが得られていなかった原子論が、実験によって決着できることを述べたのである。

論文中では、ニュートン力学の現象論（物理的考察）とランダムに動く粒子に対する確率過程論（数学的考察）を併用し、理論の検証として「粒子の平均２乗変位」が観測可能な量であると結論した。この予言は、フランスの物理化学者ペランによって、08年に実験確認され、原子の概念がゆるぎなく確立することになった。ちなみに、アインシュタインの博士論文は、このブラウン運動に関するもので、この年の11月に提出された。博士論文のタイトルは、『分子の大きさの新しい決定法』で、流体力学と拡散理論を結びつけて分子の大きさ、アボガドロ数などを決める新方法を提示している。

この成果は、その後の物理学で、より小さな粒子の発見への足がかりとなったばかりではなく、確率過程という数学理論への発展を促した。

特殊相対性理論

三つめの論文の原題は『動いている物体の電気力学』である。６月30日に投稿され、９月号に掲載されている。

当時は、光を伝える媒体としてエーテルの存在が仮定されていたが、理論と実験の矛盾が出ていた。アインシュタインは、この問題を原理的な面から考え直し、「相対性原理」と「光速度一定の原理」の二つの簡単な仮定によって、すべてが説明できることを示した。

この理論では、時間と空間の概念が互いに絡み合いながら変換される。そして、時間の進み方は観測者によって異なり、全宇宙で必ずしも同期して時間を刻む必要はないという結論に至る。また、この理論からは、質量とエネルギーの等価性も導き出されることになる。有名な $E = mc^2$ の公式は、9月27日に投稿された次の論文『物体の慣性はその物体の含むエネルギーに依存するであろうか』で導かれている。

人類の時空の概念を大きく変えたこの革命的論文は、その重要性が当時すぐに認識されることはなかったが、その後に続く一般相対性理論の構築や、量子電磁力学の発展の基礎となり、現代物理学では確固たる地位を築いている。

なお、「特殊」相対性理論というのは、後に「一般相対性理論」が提出されてから区別するためである。なお、アインシュタイン自身は、１９１５年の一般相対性理論構築までの間は、「理論」とは呼ばず「原理」と呼んだ。

次章では、もう少し詳しく、特殊相対性理論の内容を紹介する。

［第２章］

特殊相対性理論

——光速に近づくときの物理法則

2・1　鏡を持って光速で動くと、鏡に顔は映るのだろうか

アインシュタインの「自伝ノート」には、次のようなくだりがある。

アーラウにいたとき［1895年10月から96年初秋までのいつか］次の疑問が浮かんだ。もし人が、光の波を後ろから光速度で追いかけたらどうなるのだろうか。光は止まって見えるのだろうか。とてもそうとは思えない！　これは、特殊相対性理論と関係する、私の最初の思考実験だった。

最初の思考実験

すなわち、「鏡を手に持って自分の顔を見ている人が、光速で動いたとすると、鏡に顔は映るのだろうか」という疑問である。鏡は自分の顔から出た光を反射して顔を見せてくれるが、自分が光と共に動いていたら、自分から出た光は鏡に到達するのだろうか。——この疑問が10年後、相対性理論として結実する（この答えは2・6節で明らかにしよう）。

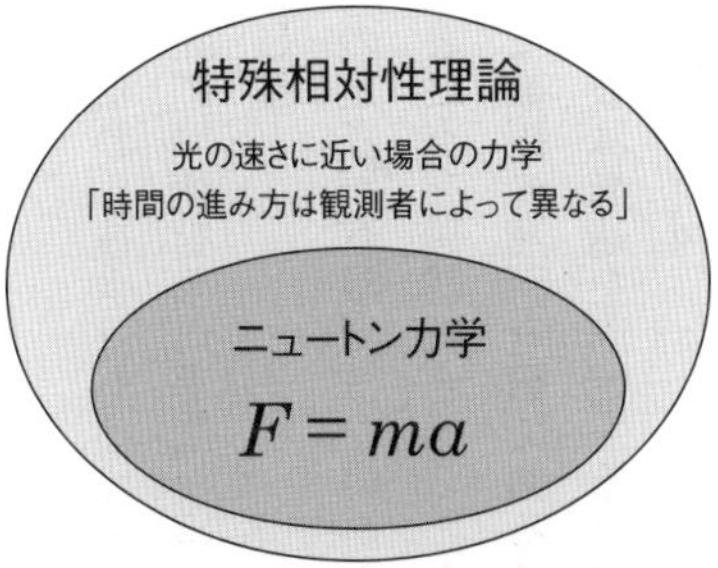
特殊相対性理論
光の速さに近い場合の力学
「時間の進み方は観測者によって異なる」
ニュートン力学
$F = ma$

図５　特殊相対性理論は、ニュートンの運動法則を拡張した理論である。

相対性理論は、光の速度近くで運動すると、どのような物理法則になるのかを説明する物理学として誕生した。これは、それまでの物理法則を否定するのではなく、拡張する形でできている（図５）。光の速さを無限大にすれば、ニュートンの法則に戻るしくみだ。物理法則は、すべてこのような形で発展しているし、またそうでなければならない。

前章で述べたように、発表したのは１９０５年のことである。アインシュタインはその後10年かけて、強い重力場を描く物理学へと発展させた。前者を特殊相対性理論、後者を一般相対性理論と呼ぶ。本章では、特殊相対性理論を紹介する。

2・2 光速が有限であることはどのようにしてわかったか

光速の測定

光が伝わる速さは有限である。秒速約30万km（正確には2億9979万2458m/s）である。1秒間に地球を7周半進むほどのスピードであり、普段の生活では無限大の速さを持つように感じる。

光の速さが有限ではないかと考え始めたのは、ガリレイのようだ。彼は稲妻が光るとき、先端と終点を確認できることから、光は無限の速さではないと考えた。稲妻の光は放電現象なので直接光速が有限であることには結びつかない。そのため、ガリレイの考えは誤りなのだが、彼は光速を測定する実験を行った。ガリレイの方法は、二つの山にそれぞれ人が立ち、一人が光で合図したときにもう一人がそれに光で応え、その時間差を測る、というものだった。しかし、この方法では、光があまりにも速すぎて光速測定は無理だった（図6－1〔上〕、44ページ）。

天体観測から、光速が有限であると考えたのはカッシーニとレーマーである。彼らは木星の衛星イオを観測して、イオの食《しょく》（イオが木星の裏側に隠れる現象）に時間差があることに気がついた。レーマーは１４０回以上の観測データを集め、地球が木星に近づくときには食の時間が短く、地球が木星に遠ざかるときには食の時間が長いことを突き止めた。そして、食の時間差はイオを観測するときの光の経路差であるという報告を１６７６年に行っている。レーマーのデータを解析したホイヘンスは、最大で地球の公転軌道の直径分だけ変化し、その差が時間で22分程度と見積もられることから、光速を秒速約22万５０００㎞である、と結論している。（図６–１〔下〕、同）

実験で初めて光速を求めたのは、フィゾーである。１８４９年、彼は光を鏡で往復させた経路上に歯車を置き、歯車を回転させながら覗き込んで、光が往復する時間を測定した。歯車の回転速度を変えると、高速のシャッターになり、短い時間が計測できるという原理である。歯車を自宅に置き、鏡は約８・６㎞先に設置したという。フィゾーが得た光速は、秒速31万５０００㎞だった（図６–２〔上〕、45ページ）。

フーコーは回転鏡を使って光速を測定した。高速のシャッターを作る工夫の一つだが、この装置により室内でも測定が可能になる。フーコーは、１８６２年に光速は秒速29万８０００㎞である、と結論している。これは、現在我々が使っている光速の値と０・６％しか違わ

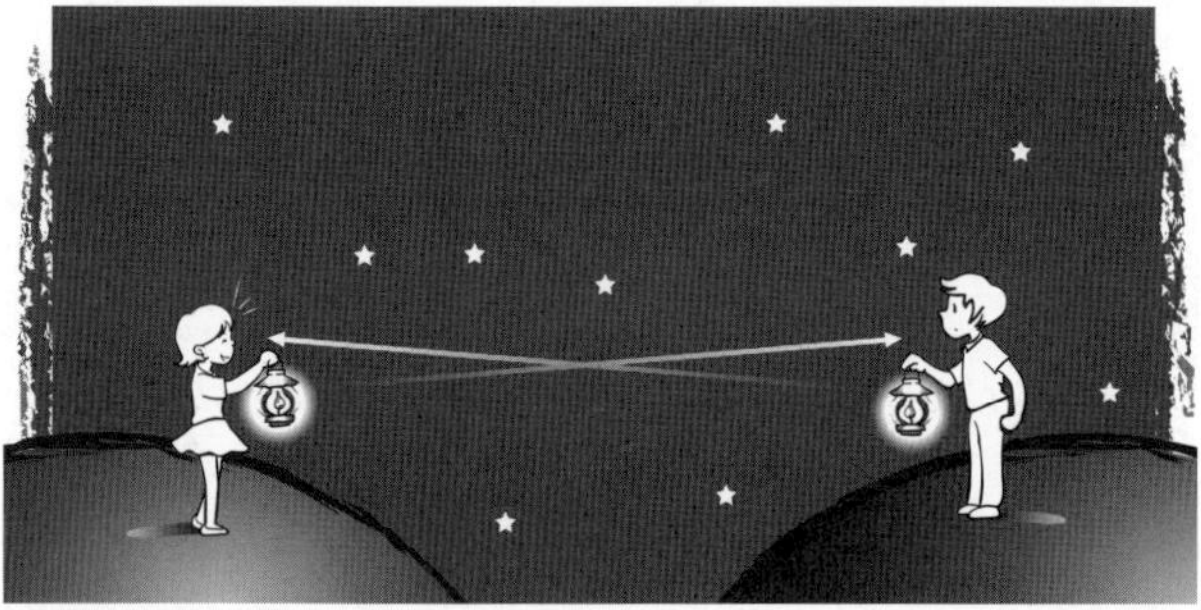

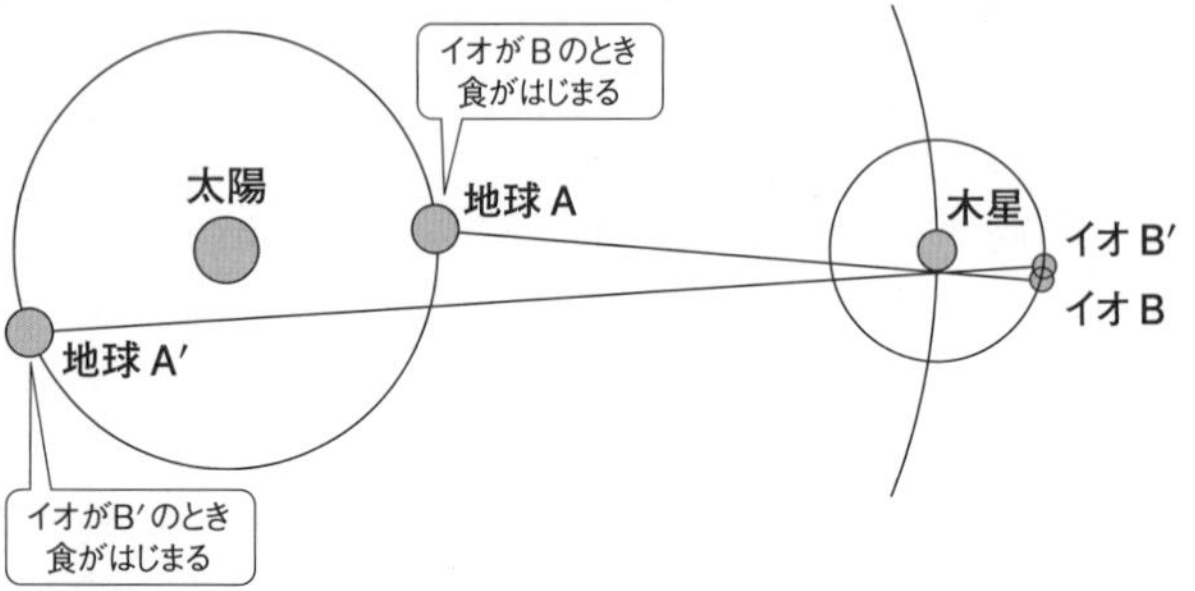

図6-1　光速の測定　〔上〕ガリレイは、一人が光で合図したときにもう一人がそれに光で応え、その時間差を測ることを試みた（17世紀前半）。しかし、光が速すぎて測定ができなかった。〔下〕カッシーニとレーマーは、木星を42時間周期で回る衛星イオの食（木星に隠れる期間）のわずかな時間差が光の到達距離の違いによるものだ、と考えて光速を初めて計算した（1670年代）。秒速22万5000kmという値を得た。

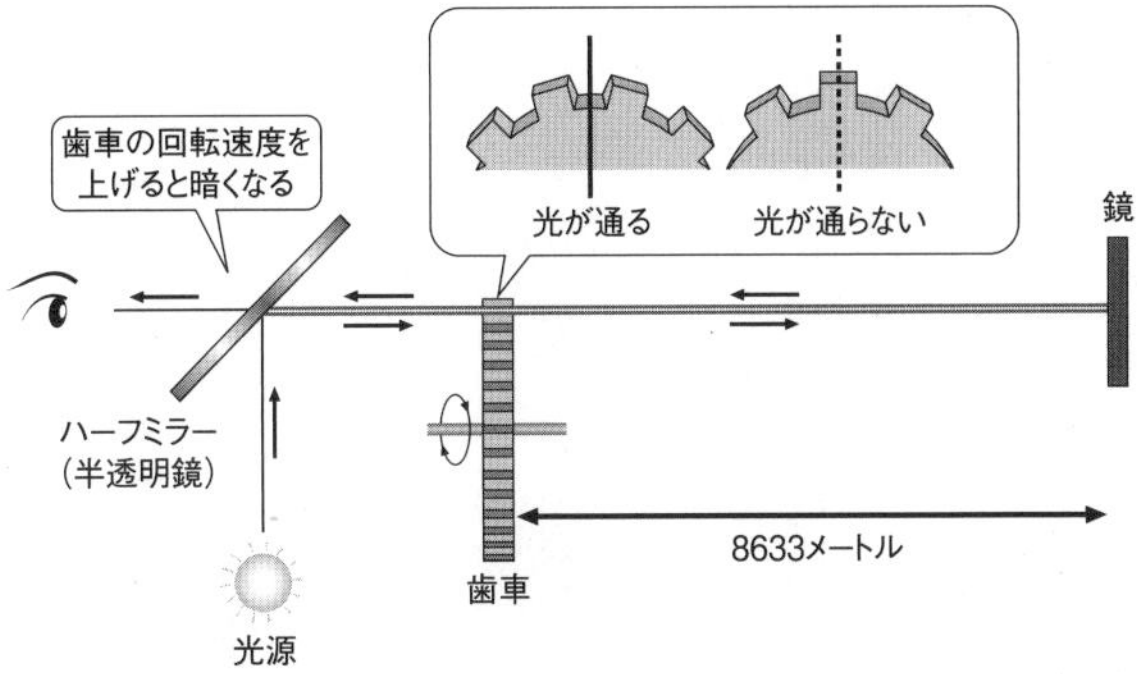

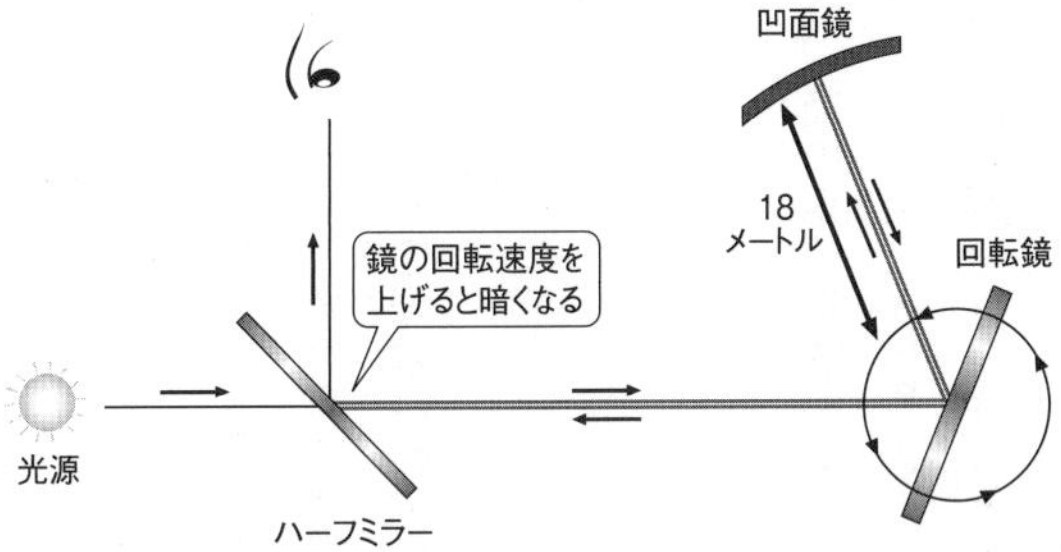

図6-2　光速の測定（続き）〔上〕フィゾーは歯車回転装置を使い、歯車の回転速度を変えると、高速のシャッターになり、短い時間が計測できる原理を用いて、初めて実験から光速を測定した（1849年)。秒速31万5000kmという値を得た。〔下〕フーコーは回転鏡装置を使って、室内でも光速測定ができることを示した（1862年)。秒速29万8000kmという値を得た。

ない。後に彼は、水中での光速が遅くなることも確かめ、光が波であるという証拠の一つを得ている（図6−2〔下〕、同）。

現在では、光速の値は厳密に決まり、逆に光速を基準にしてメートルの長さが決められている。つまり「1秒間に光が進む距離の1/299792458の長さを1メートルとする」という具合である。その理由は、アインシュタインによって、光の速さは誰から見ても一定で、光の速さを超える物体の移動は生じ得ない、という相対性理論の結論があるからだ。

2・3　光速の由来をめぐる混乱

光の正体とは

19世紀末、物理学の未解決問題の一つは、光の正体に関するものだった。

電磁気学の基礎方程式（マクスウェル方程式）は、1864年に完成した。コイルに電流を流すと磁石（電磁石）になり、コイルなどに磁石を近づけると電気が発生する（発電機の原理）。また、磁界の中に置かれたコイルに電流を流すことにより、コイルを回転させて動力を得ることができる（モーターの原理）。このような電気と磁気の相互作用に関する基本法則はマクスウェルによってまとめられ、ベクトルを用いた数学の方程式として簡潔に美しく書き表されていた（現在広く知られているマクスウェル方程式は、後にヘルツによって再構成されたものである）。

電磁波が「真空を」「光速で」伝わるという予言は、発表直後から不思議に思われていた。一つめの疑問は、電磁波を伝える物質は何か、という素朴な疑問だった。真空中でも波が伝わる理由がわからないのだ（光も電磁波の一種であるから、以下では電磁波を光と読み替えて理解されても同じである）。

波ならば、波を伝える物質が存在するはずである。例えば、音（音波）は空気が伝えている。空気の分子（窒素や酸素）が振動し、その振動が四方八方に広がることで音は伝えられてゆく。だから真空中では音は伝わらない。ところが、電磁波は真空でも伝わる。何か波を伝える物質が存在するはずである。そこで人々は電磁波を伝える物質の存在を期待して**エーテル**（ether）と命名した（エチルアルコールをエーテルと呼ぶことがあるが、まったく別のもの。古代ギリシャ語の「天空を満たす物質」を表す言葉に由来する）。そして、エーテルを見つけ出そうとする実験が始まった。

もう一つの疑問は、マクスウェル方程式の中に「光速」を表す文字が登場したことだ。この「光速」は誰から見た速さなのか、という疑問である。

物体の速度の測定は、観測する人の速度によって変わってくる。例えば、時速120kmで暴走している車をパトカーが時速140kmで追いかけているとしよう。逃げている車からパトカーを見れば、パトカーは相対速度20kmで追いかけてくるように観測される。速度は、誰から観測した速度かをはじめに定義しないと意味がないのである。しかし、マクスウェルの方程式には陽に「光速」が登場している。地球は太陽の周りを周回し、太陽も銀河系を周回しているので、とても地球が（静止している）基準座標として機能するはずがない。誰からみた「光速」を式が示しているのだろうか。

2・4 マイケルソンとモーリーの実験「失敗」

「エーテル」検出に挑む

電磁波を伝える未知の「エーテル」検出に挑んだのが、マイケルソンである。

速度は観測する人の運動によって、測定値が異なるはずである。我々は、流れる川を歩くとき、川の流れにしたがったり、流れに逆らったりすることで、川の流れを感じる速さが異なることを知っている。エーテルで満たされた宇宙空間を、地球が太陽の周りを1年かけて周回すれば、光の速度も年間を通じて変化するはずだ、とマイケルソンは考えた（図7、50ページ）。

マイケルソンは、干渉計と呼ばれる巧妙な装置を考え出した。干渉とは、二つの波が重なり合うときに、強め合ったり弱め合ったりする現象である。波の振動の激しい部分同士が同じ高低で（山と山で）重なれば強め合うし、逆の高低で（山と谷で）重なれば振幅はゼロに近くなる。光の場合は、明るさに強弱が生じて干渉縞《かんしょうじま》となる。

マイケルソンの干渉計は、一つの光を2筋に分け、互いに直角に11mほど往復させてから再び合成して干渉縞を観測する装置だった。地球が太陽の周りを公転するスピードは秒速30km位である。二つに分けた光は、地球の公転速度の分だけ、エーテル中を移動する速度が違ってくるはずだ。したがって、干渉縞を詳しく見ることでエーテルの存在がわかる、という原理だった。

マイケルソンは、1881年に実験を開始し、後に共同研究者にモーリーを加えて実験を繰り返した。そして「エーテルの存在は確認されなかった」との否定的な結果を発表した。マイケルソンもモーリーも、エーテルの存在を確認しようと実験を行ったので、エーテルが見つからなかったことを「失敗」と表現したのである。

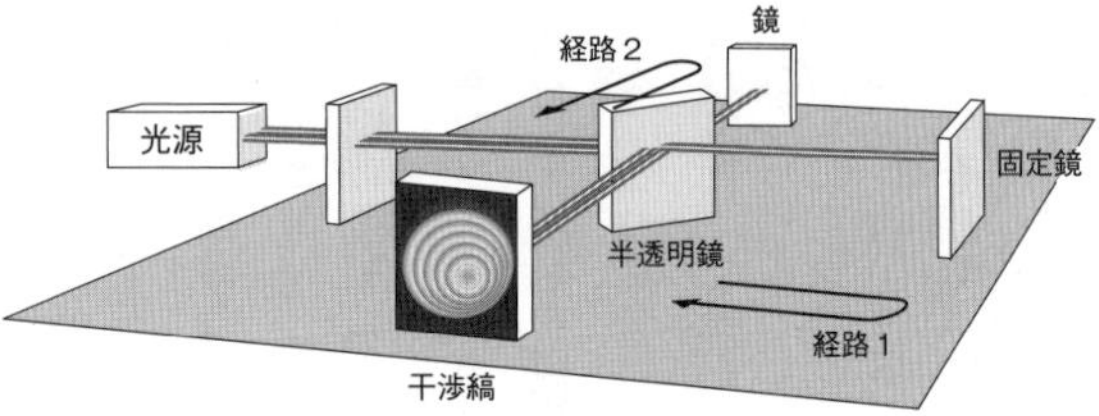

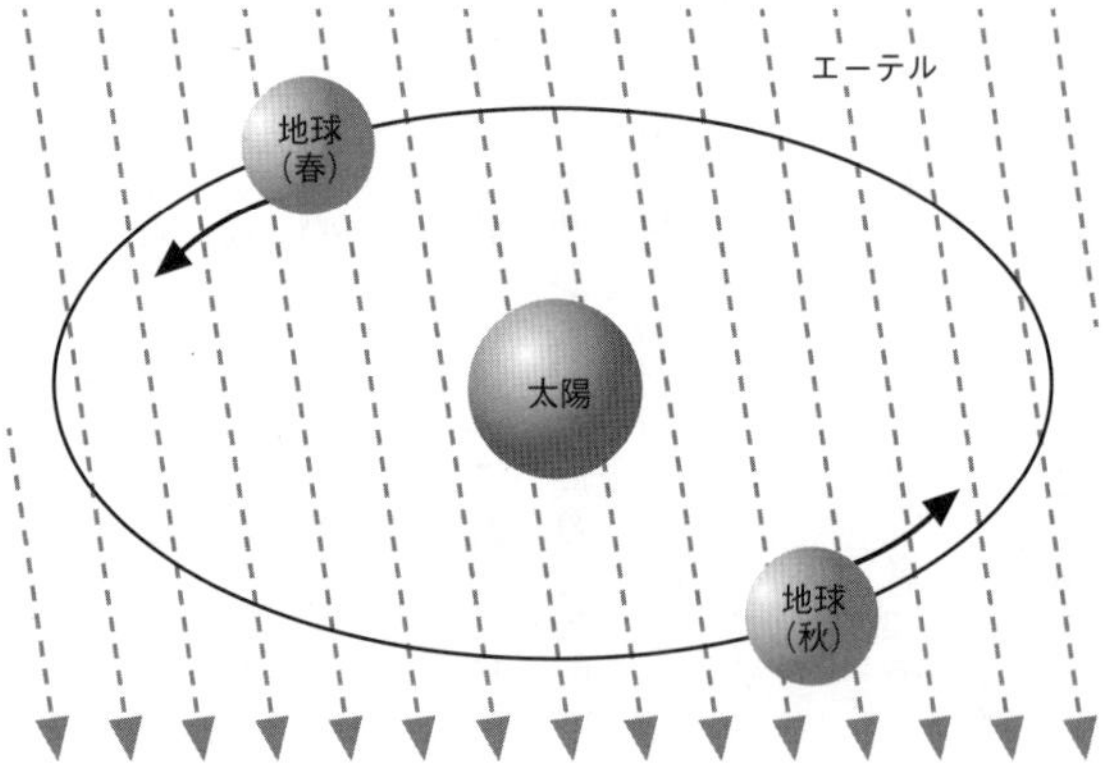

図７　エーテル検出の実験　〔上〕マイケルソンが考案した干渉計。光を２つの経路に分けて再び合成し、干渉縞を観測することで、経路１と経路２を通る２つの光のわずかな時間差を検出できる装置。〔下〕エーテル検出の原理　地球が公転運動することによって、エーテルとの相対速度が変わるはずなので、干渉縞に季節変化が見られるはずだ、と考えられた。

２・５　彗星のごとく登場したアインシュタイン

長さの収縮仮説

マイケルソンとモーリーの実験結果は、物理学者に大きな衝撃を与えた。実験が示したのは、地球の公転運動による「エーテルの風」がなかった、という事実である。そのため、なんとか矛盾が出ないように、ツジツマ合わせを試みる説が登場した。

例えば、エーテルが地球と共に回転するような物質ならば、マイケルソン―モーリーの観測は矛盾がなくなる。そこで、地球の重力によってエーテルが引きずられている、という説が出た。そのため、重力源となる鉛の塊を干渉計の一方の光の筋に置いた実験も行われたが、実験結果に違いは出なかった。

エーテル理論は窮地に立たされ、フィッツジェラルドやローレンツは、実験結果を説明するためにニュートン力学の修正を試みた。そして「大きな速度で動くすべての物体は、エーテルに対して長さを縮める」という**長さの収縮仮説**（ローレンツ―フィッツジェラルド収縮仮説）を提唱した。式で表すと、「速度 v で運動する物体の長さは、静止しているときより運動する方向に$\sqrt{1-(v/c)^2}$倍に縮む」となる。cは光の速さである。これは「観測者の時計が刻む時間間隔（固有時間間隔）は$\sqrt{1-(v/c)^2}$倍に長くなる」と表現してもよい。

何とも奇妙な仮説だが、この式はマクスウェルによる電磁気学の方程式と矛盾しないように、苦肉の策として考え出されたものだ。エーテルがあったとしても、ローレンツの収縮説が事実だとすれば、マイケルソン・モーリーの実験でエーテルが検出されない理由になる。エーテルの風の影響で光の速さが変化したとしても、実験装置の目盛りが、その変化を打ち消すように変化するので観測に矛盾が出ない、という理屈である。このような目盛りの変換（座標の変換）規則を**ローレンツ変換**と呼ぶ。

当時、物理学の主流となった考え方だったが、根拠はあっても原理や理由はなく、現象を説明するための理屈とも言えた。

大胆な二つの原理の導入

まったく新しい解釈を提案したのが、アインシュタインである。アインシュタインは、エーテル問題を原理的な面から考え直し、二つの簡単な仮定によってローレンツ変換が「導出できる」ことを示した。

二つとは、アインシュタイン自身が「原理」としたもので、

（一）**相対性原理**：物理法則は、どのように運動をする人から見ても（どのような座標系から見ても）同じ形にならなくてはいけない。

（二）**光速度一定の原理**：真空中の光の速度は、どの座標系から見ても同じである。

という大胆な仮定である。

一つめの原理は、物理法則の美しさを理想にした原理と言えなくもない（より正確には「特殊相対性原理」と呼ばれる。ここでは物理法則はすべての慣性系で同一〈ローレンツ変換に対して不変〉であることを原理とした。「特殊」というのは、ローレンツ変換のみに対する不変性を述べているからであり、後に一般座標変換に対する不変性を述べる「一般」相対論と対比させるために後年付記された）。

しかし、二つめの原理は、当時多くの物理学者が思いつかなかったことであり、究極の「エーテル不要論」であり、同時にニュートンの力学に修正を要求することになる大きな仮定である。当時は特許局の技師として、学閥の外にいたアインシュタインだからこそ言えた

提案だったかもしれない。最もシンプルな仮定から、いろいろな現象を矛盾なく説明できるのならば、それを真実と認めよ、というアインシュタインの思想が素直に現れている。アインシュタインが**相対性原理**と名付けたこの理論は、ローレンツらによる長さの収縮仮説の式も出すが、それは単なる現象の解釈になった。アインシュタインは、ローレンツと同じ式を用いてエーテルが不要なことを述べたことになる。大きな飛躍である。

2・6 特殊相対性理論から導かれること

光の速度が一定であることを原理に据えると、その他のところにしわ寄せが来る。

速度の合成

例えば速度の足し算である。ニュートンの力学では、v_1 の速度で動く電車の中で、v_2 の速度でボールを投げた場合、ボールの速度を地上から見ると $v_1 + v_2$ になる。これは我々が日常的に正しいと思っている速度の足し算である。光の速度 c で飛ぶロケットが進行方向に光を出したら、$2c$ の速度の光になりそうである。しかし、ローレンツ変換では、速度の足

速度の合成公式

$$v_1 + v_2 \Rightarrow \frac{v_1 + v_2}{1 + (v_1 v_2 / c^2)}$$

v_1, v_2：速度
c：光速

（計算例）

$0.10c + 0.10c \Rightarrow 0.198c$
$0.90c + 0.90c \Rightarrow 0.995c$
$1.00c + 1.00c \Rightarrow 1.000c$

図８　特殊相対性理論における速度の合成公式。

し算は単純な和ではなく、図８に示すような式となる。これが本当の速度の足し算なのだ、というのが相対性理論の答えである。

　例えば、光速の１％と光速の１％を足し合わせると、この式は２％と出してくる。しかし、光速の90％と光速の90％を足し合わせれば、その和は１８０％ではなく、99・45％になる。光速と光速の和は光速である。つまり、たとえ速度cのロケットから光を前方に放出しても、地上の人からは、光は光速度cで伝播《でんぱ》することになる。この足し算を日常の生活レベルで使っても、v_1+v_2と大差ない。しかし、光の速さに近い運動を扱うときには、その効果が顕著に現れることになる。

　本章のはじめに出した「鏡を手に持って自分の顔を見ている人が、光速で動いたとすると、鏡に顔は映るのだろうか」という問題の答えは、ここでおわかりいただけただろうか。たとえ光速で動いていても、光はその人から見て光速で動く。したがって、鏡に顔は映るのである。

時間の進み方が相対的になる

光速度一定の原理を使うと、光を使った時計を作れば正確な時刻が測れるはずだ。例えば、長さ50㎝の筒の両端に鏡をつけ、光を往復させる装置を考えよう（図9）。1往復で一mだから、光が2億9979万2458回往復するごとに1秒とすれば正確な時計になる。これを光時計と呼ぶことにしよう。

光時計をロケットに載せたとする。ロケットが飛ぶと、光時計の筒を1往復するために光が進まなければならない距離が増える。地球上で止まって見ている人の光時計が1秒刻んだときでも、ロケット内の光時計の光はまだ1往復できていない。しかし、ロケットの中の人にとっては、光時計が1秒を刻む時刻が正確のはずだ。どちらも矛盾なく考えようとするならば、地球上の1秒とロケット内の1秒の刻み方がずれると考えればよい。つまり、**時間の進み方は、観測する人によって変わる**ことになる。ロケットの速度が速ければ速いほど、地球の1秒に比べてロケットの1秒は遅くなる。

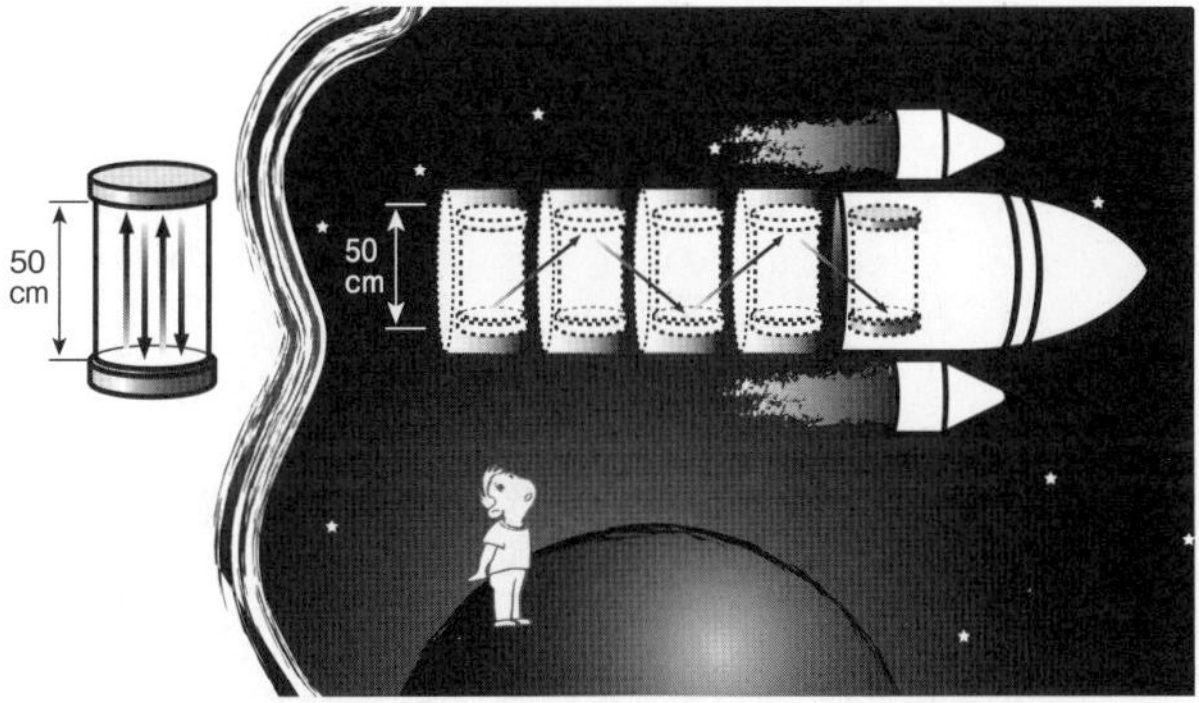

図９　時間の進み方の相対性　光時計をロケットに載せて時間を測ると、地上のときより１秒の刻みは遅くなる。ロケット内では、光を基準に１秒を測るので、地上よりもロケット内の時間の進みは遅くなる。

この時間の進み方の違いを応用すると、未来に行くタイムマシンも可能になる。光速に近いロケットで宇宙のどこかに飛び、そして戻って来ればよいのだ。おそらく竜宮城に１週間いて帰ってきた浦島太郎が、誰も知り合いのいない村に帰り着いたのは、亀あるいは竜宮城が光速近いスピードで移動していたにちがいない（ただし、過去に戻るタイムマシンはこの理論では不可能だ）。

　残念ながら、人間の乗り物はそれほど速くない。秒速７・８㎞ほどで飛ぶ国際宇宙ステーションでさえ、１年間滞在しても地球上との差は０・０１秒でしかない。しかし、時間の進み方に差が生じることは、素粒子の寿命が伸びることで確認されている。宇宙から地球へ飛び込んでくる高エネルギーの素粒子（宇宙線という）のうち、陽子が地球の大気圏でミューオンと呼ばれる素粒子に変化する反応がある。ミューオンは不安定な素粒子で、寿命が100万分の2・2秒ほどしかなく、すぐに分解してしまう。ミューオンが光速度で飛んだとしても、最長で600メートルくらい移動すれば分解してしまうことになる。地球の大気圏の厚さはおよそ20㎞あるから、地表でミューオンを見ることはごくまれのはずだ。

ところが、地表では、宇宙から降り注ぐミューオンが多数観測されるのである。ミューオンが光速度に近い速さで移動するため、特殊相対性理論の効果でミューオン自身の感じる時計が遅くなっているのだ。観測から、ミューオンの寿命が50倍程度に伸びていることがわかっていて、このデータから、逆にミューオンの飛んでくる速さを計算することができている。

素粒子物理の実験では、スイス・ジュネーブ郊外にある欧州原子核研究機構CERN（セルン）のラージ・ハドロン・コライダー（LHC）をはじめとして、世界各地で加速器を利用して、高速で粒子を衝突させる実験が行われている。どの実験でも素粒子の寿命が、特殊相対性理論の予言通りに伸びていることが確認されている。

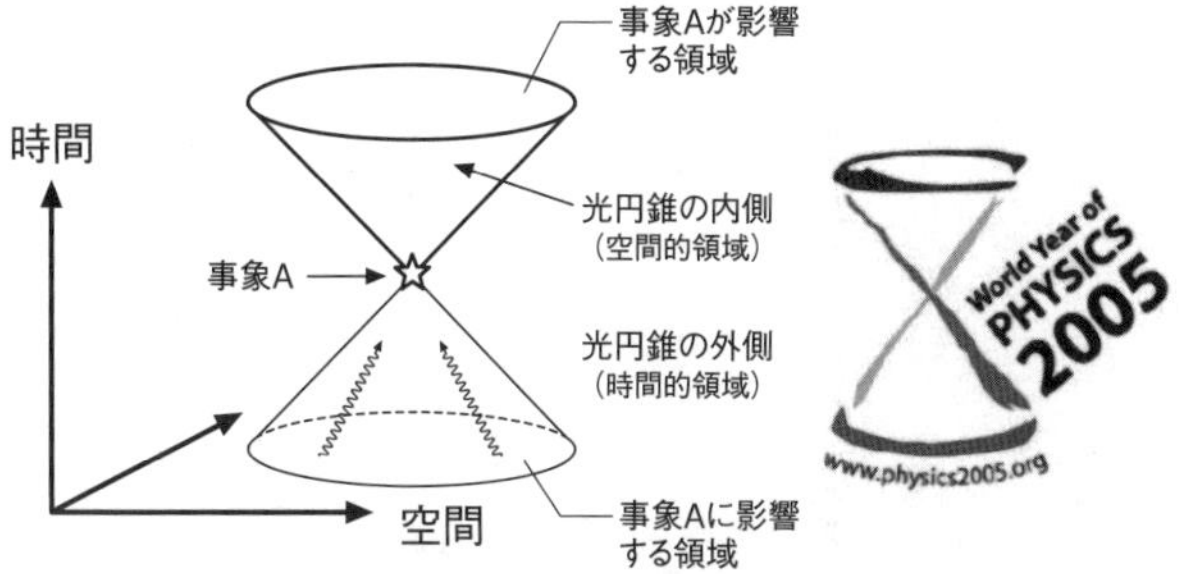

図10　光の進み方（光円錐）〔左〕４次元時空は図にすることが難しいので、空間を２次元、時間を１次元にして図を描く。時間軸が縦である。光の伝播はある点（事象A）から円錐状に描かれる。この円錐内であれば、情報が伝達可能な領域（因果関係があり得る空間的領域）、円錐より外側は情報伝達があり得ない領域である。事象Aより過去を見れば、Aに影響を及ぼす情報の範囲も円錐内で表される。〔右〕世界物理年（2005年）のロゴは、光円錐の図だった。

光円錐が因果関係を表す

相対性理論では光の進み方がすべての基準になる。光がある一点から放出されたとき、どのように進んでいくか、図にしてみよう。

池に石を落とすと、落とした一点から波が同心円状に広がってゆく。円のように見えるのは水面が２次元の世界だからだ。だから、３次元の空間を光が広がってゆく様子は、光速で広がってゆく球面を考えればよいだろう。

それでは、時間を含めて４次元で、この様子を考えるとどうなるだろうか。残念ながら４次元の図は描けないので、空間を２次元として縦方向に時間座標を取った図10を考えよう。座標の原点から放出された光は、未来の方向に一定の速さで広がりながら進むので、図では円錐を描くように伝播する。これを**光円錐**《こうえんすい》という。

特殊相対性理論の速度の足し算公式からは、光より速いスピードはあり得ない。光より遅い運動なら、光円錐の内側になる。だから、光の出発点から見ると、光円錐より内側は情報が伝わる領域、光円錐の外側は因果関係があり得ない領域になる。後でブラックホールを考えるときには、光円錐の広がり方が重要になってくる。

光円錐の図は、相対性理論を象徴するイメージである。2005年の「世界物理年」のシンボルマークは、光円錐がもとになっていた。

2・7　$E=mc^2$：最も有名な物理公式

「質量はエネルギーと等価」

特殊相対性理論からは、他にも驚くべき結果が出てきた。エネルギーの定義も修正されることになったのだ。

エネルギーとは、物体に及ぼす力をどれだけ蓄えているかを表す量である。高い位置にあれば「位置エネルギーを持つ」という。運動している物体は「運動エネルギーを持つ」とい

質量公式

$$\boldsymbol{E = mc^2}$$

$\boldsymbol{E}$：エネルギー
$\boldsymbol{m}$：質量
$\boldsymbol{c}$：光速

（導出過程）

$$E = m\frac{c^2}{\sqrt{1-(v/c)^2}}$$
$$= mc^2 + \frac{1}{2}mv^2 + \frac{3}{8}m\frac{v^4}{c^2} + \cdots$$

図11　特殊相対性理論から導かれる質量公式　「質量はエネルギーと等価である」ことを示す。この式はエネルギーの定義式に相対性理論の補正をすることで導出された。

う。ジェットコースターは、高いところにつり上げられてから滑走するが、これは位置エネルギーが運動エネルギーに変化するからである。

　エネルギーの定義式を、特殊相対性理論で書き直すと、図11のように表される。これは「質量公式」と呼ばれるものだが、おそらく世界で最も有名な物理の公式だろう。「質量はエネルギーと等価である」ことを示す式である。つまり、世の中から少しでも質量が消滅すれば、莫大なエネルギーが放出される、という式である。

　この式の導出はそれほど難しくない。図11〔下〕には、導出過程も記した。1行目は、エネルギーの定義式で、速度の部分に相対性理論の補正をした式である。この式を光速cが速度vに比べて大きいと考え、大学初年度の数学で習うテーラー展開と呼ばれる近似式で表現すると、2行目の式になる。この式の第2項は運動エネルギーだが、第1項は物体が静止しているときにも持つ**静止質量エネルギー**が登場した。この部分を取り出したのが、質量公式なのである（第3項以下は相対論的補正項である）。

質量とエネルギーが等価であるので、世の中から質量がmだけ消滅すれば、それに相当するmc^2のエネルギーが運動あるいは熱エネルギーに転化することを意味する。光の速度cは約30万kmだから、莫大な量のエネルギーEが発生することを示している。世の中から5グラムの質量が消滅したら、4.5×10^{14}Jのエネルギーが発生する。これは、東京ドーム1杯（124万m^3）分の氷の塊を溶かしてしまうエネルギーだ。化学反応では、反応の前後の質量差は無視できるほど小さい（全質量の10^{-8}%程度）が、原子核反応ではその効果が顕著に現れる（全質量の0・1〜1%程度）。

アインシュタインがこの式を導いたときは、理論上の予想に過ぎなかったが、やがてこの式が予言する静止質量エネルギーを用いた原子爆弾や水素爆弾が開発され、アインシュタインを苦悩させることになる。

2・8　核融合と核分裂

二種類の原子核反応

日常生活では、質量保存則が成立していると考えて差し支えないが、原子核反応では、わずかな量の物質がエネルギーに転化することで莫大なエネルギーが発生する。原子核反応には、次の二種類がある。

核分裂：重い原子核が軽い原子核に分裂する核反応（原子爆弾、原子力発電）
核融合：軽い原子核同士が合体して重い原子核になる核反応（星の燃焼、水素爆弾）

このような核反応が生じる原因は、原子核の**結合エネルギー**の差にある。

山の上から川が流れていくように、自然界は、なるべくエネルギーを放出し、合計が小さいエネルギー状態にある方を好む。自然は、エネルギーの低い状態へ移動するように反応（または運動）が進むという原理がある。原子核は、陽子と中性子が結合することによって、それぞれがばらばらに存在するよりも質量エネルギーの和が小さくてすむ。これを**質量欠損**と呼ぶ。エネルギー的に得するわけだ。世の中の原子は、こうして、結合や分裂を繰り返しながら、安定な状態にいるのである。

図12に、核分裂と核融合の例を示した。例えば、ウラン２３５（原子核には陽子と中性子が合わせて２３５個ある）に中性子をぶつけると、ウランの原子核は分裂して、バリウム１４４とクリプトン89と中性子に分かれる。この方が、結合エネルギーの総和が小さくてすむからだ。この反応により、質量公式に相当する分のエネルギーが熱と爆風として放出されることになる。実はこの核反応式は、原子爆弾のメカニズムの一つである。反応式からは、中性子を介して連鎖反応が起きることがわかる。原子爆弾は、ウラン２３５を１００％近くまで濃縮し、連鎖反応により一挙に爆発を引き起こす。現代の原子力発電では、上記の反応を利用して、発生する熱エネルギーで蒸気を作り、タービンを回して発電する。

人工的に核反応を制御するために、ウラン２３５を３％から５％（残りはウラン２３８）に濃縮したものを用いている。

核融合は、太陽など、恒星の光るエネルギー源である。星は、星間ガスが収縮してできた水素分子の分子雲が種となって誕生すると考えられている。分子雲が重力の作用によってさ

核反応の例

核分裂反応の例

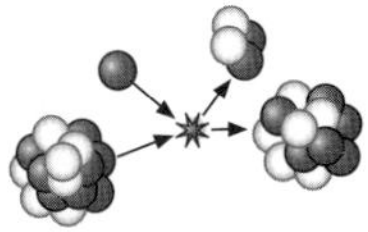

$^{235}U + n \rightarrow {}^{236}U \rightarrow {}^{144}Ba + {}^{89}Kr + 3n$

ウラン＋中性子　　　　バリウム＋クリプトン＋中性子

核融合反応の例

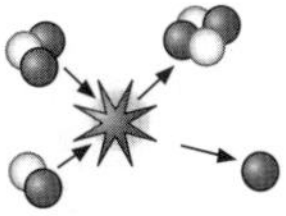

$4p \rightarrow {}^{4}He + 2e^{+} + 2\nu_e + 2\gamma$

陽子　　ヘリウム＋陽電子＋ニュートリノ＋ 光子

図12　核分裂反応と核融合反応の例。

らに高密度に収縮し、温度上昇により核融合反応に点火する。星の内部で起こされる水素の燃焼過程には主経路がいくつかあるが、結果的に図12に示したような核反応式にまとめられる。陽子は、反応の途中でも生成されるので、これも連鎖反応になる。核融合反応は、水素爆弾の原理でもある。平和利用として、核融合炉による発電も研究されているが、反応が生じるのに必要なエネルギー（閾《しきい》値）が高く制御技術も難しいため、実用化されるまでにはまだ遠いようだ。

　ところで、分裂・融合のどちらでも原子核反応が進行する理由は、鉄^{56}Feが、最も安定な原子核だからだ。ガスが収縮することで始まる星の燃焼は鉄^{56}Feやニッケル^{62}Niの合成までは確実に進む。逆に言うと、核融合が進んで星の中心に鉄ができれば、それ以上は星は燃えることができずに、冷えていくことになる。ウランなど、鉄より大きな原子番号の元素が宇宙に存在するのは、星が最後に超新星爆発をしたり、中性子星連星が合体するときに、高温・高圧力の状態になって合成されるからと考えられている。

燃え尽きた星の最期《さいご》はどうなるのかという問題は、一般相対性理論の応用される例として、第4章で詳しく説明することにする。

[第3章]

一般相対性理論

――強い重力がはたらく世界の物理法則

特殊相対性理論の弱点

１９０５年に当時26歳のアインシュタインが発表した相対性理論は、「時間の進み方は、観測者によって異なる」という革命を導いたが、弱点も明らかだった。加速度運動が扱えなかったのである。そこで、アインシュタインは、相対性理論をもっと一般的なものに拡張しようと、さらに研究に取り組んだ。

もっとも、このときのアインシュタインは、スイスの特許局に勤める技師の身分であり、研究時間は日中の本職が終わった後と週末に限られていた。05年の論文の価値が徐々に認められ、アインシュタインは、29歳でスイス・ベルン大学の講師、翌年にスイス・チューリッヒ工科大学定員外教授、32歳でチェコ・プラハドイツ大学教授、翌年にスイス・チューリッヒ工科大学教授、35歳でドイツ・ベルリン大学教授にと、順調に出世はしていくのだが、10年間、悶々《もんもん》と悩みながら毎日を過ごしたようだ。大学の同級生だった妻ミレヴァが、数学的な面で手伝っていたようだ、という歴史家の研究もある。

１９１５年に「一般相対性理論」が完成すると、05年の理論を「特殊相対性理論」と呼ぶようになった。「特殊」な状況の運動学だから、という理由である。10年かかって「一般的」な話ができあがったのだ（図13）。本章では一般相対性理論を紹介しよう。

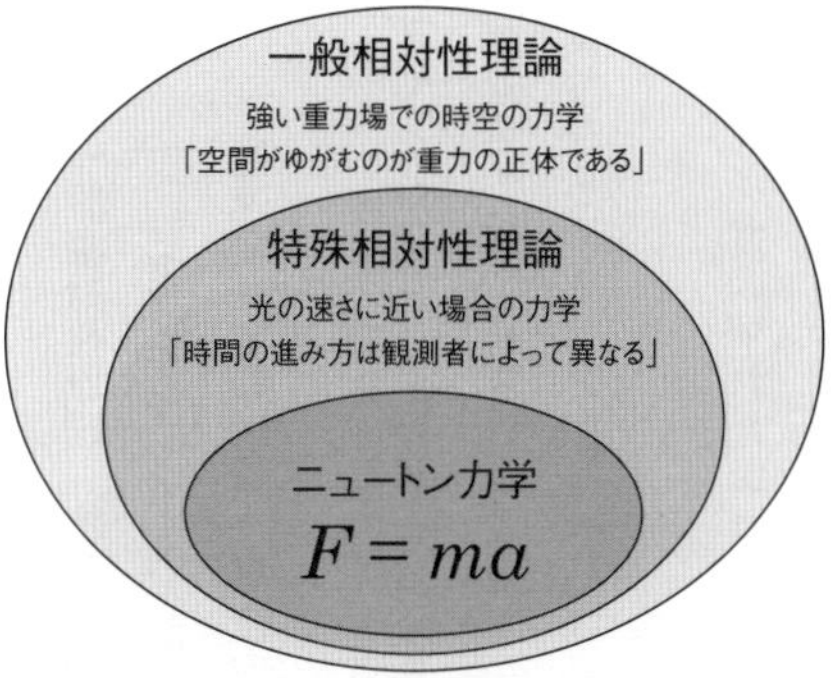
一般相対性理論
強い重力場での時空の力学
「空間がゆがむのが重力の正体である」
特殊相対性理論
光の速さに近い場合の力学
「時間の進み方は観測者によって異なる」
ニュートン力学
$F = ma$

図13　一般相対性理論は、特殊相対性理論をさらに拡張した理論である。

３・１　重力加速度の正体

一般相対性原理

加速度を考え始めたアインシュタインがすぐに問題としたのは、加速度運動をしている人から見た運動方程式である。例えば動き始めた列車にいる人は、後ろ向きに力を受けるように感じる。逆にブレーキをかけた列車にいる人は、前向きに力を受けるように感じる。加速度運動をしている空間では、観測者は加速度と逆向きに**慣性力**を感じるからだ。しかし、慣性力は座標系に依存する「見かけの力」である。アインシュタインは、慣性力を加えた運動方程式は醜いと考えた。その場しのぎの「対処法」を避けたいと考えた。

そこで、（加速度運動を含めた）どの座標系から見ても同じ形に書ける理想の運動方程式を目指すことにした。彼は出発点として、再び次の二つの原理を仮定する。

（一）**一般相対性原理**：物理法則は、すべての座標系から見て同一の形でなければならない。（一般座標変換で不変、あるいは物理法則が**共変性を持つ**、という）

（二）**光速度一定の原理**：真空中の光の速度は、どの座標系から見ても同じである。

アインシュタイン生涯最大の発見

加速度の扱いに思いあぐねていた28歳のある日、アインシュタインは、後に「人生で最も幸福なひらめき」と振り返るアイデアを得た。自由落下するエレベータの思考実験である。

ワイヤの切れたエレベータは、重力加速度で自由落下する。エレベータの中にいる人は、下向きの重力に加えて、同じ大きさの慣性力を上向きに受けるので無重量状態になる（図14）。つまり、観測者は重力の効果を感じず、特殊相対性理論が適用できる空間になる。重力の効果は局所的には消去可能になるのだ。

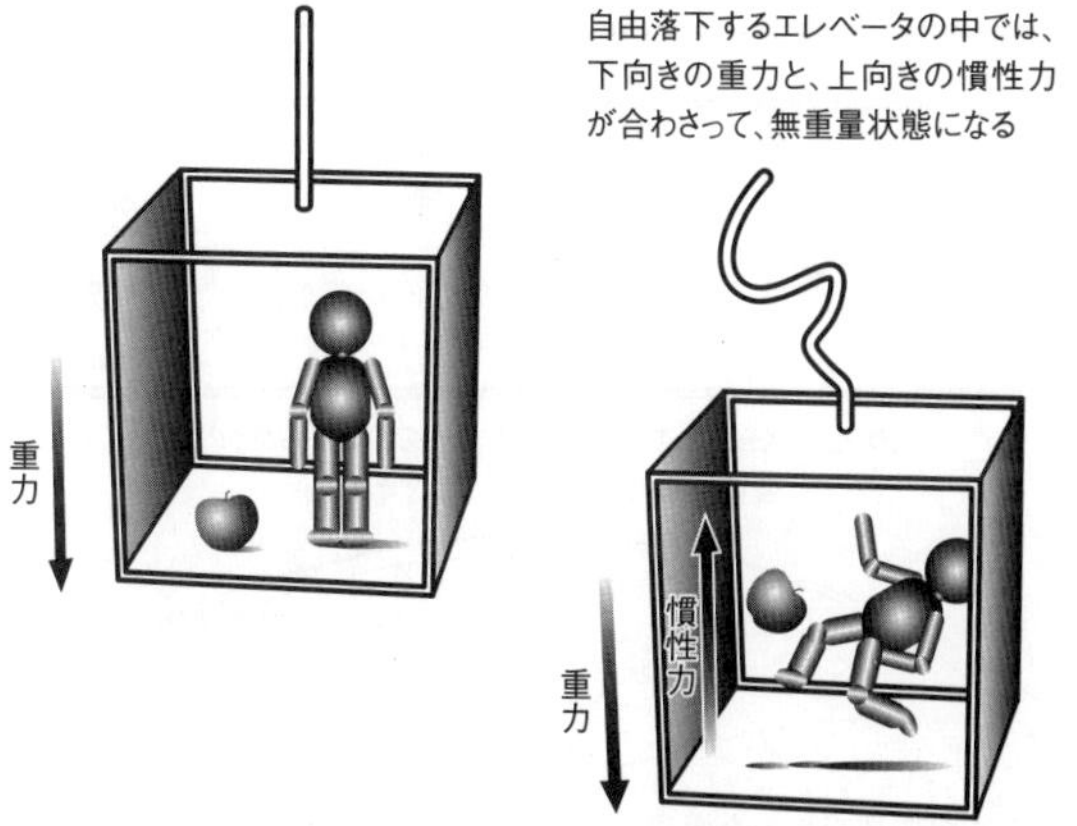
自由落下するエレベータの中では、
下向きの重力と、上向きの慣性力
が合わさって、無重量状態になる
重力
慣性力
重力

図14　エレベータのワイヤが切れて自由落下すると、無重量状態になる。

アインシュタインのこのアイデアは、「加速によって生じた慣性力と重力は区別できない」という**等価原理**だった。

この考えを使えば、加速度運動の特殊性を取り去ることができる。アインシュタインは、重力の正体を「力」としてとらえなくてよいこと、加速度系でも慣性系の概念を使えることに気づいたのだ。

エレベータを使った思考実験では、自由落下することで重力の影響がない空間を作ることができた。しかし、重力そのものをこの手法で消し去ることは不可能である。

例えば、地球の重力に引かれて自由落下するエレベータを考えよう。普通のエレベータ

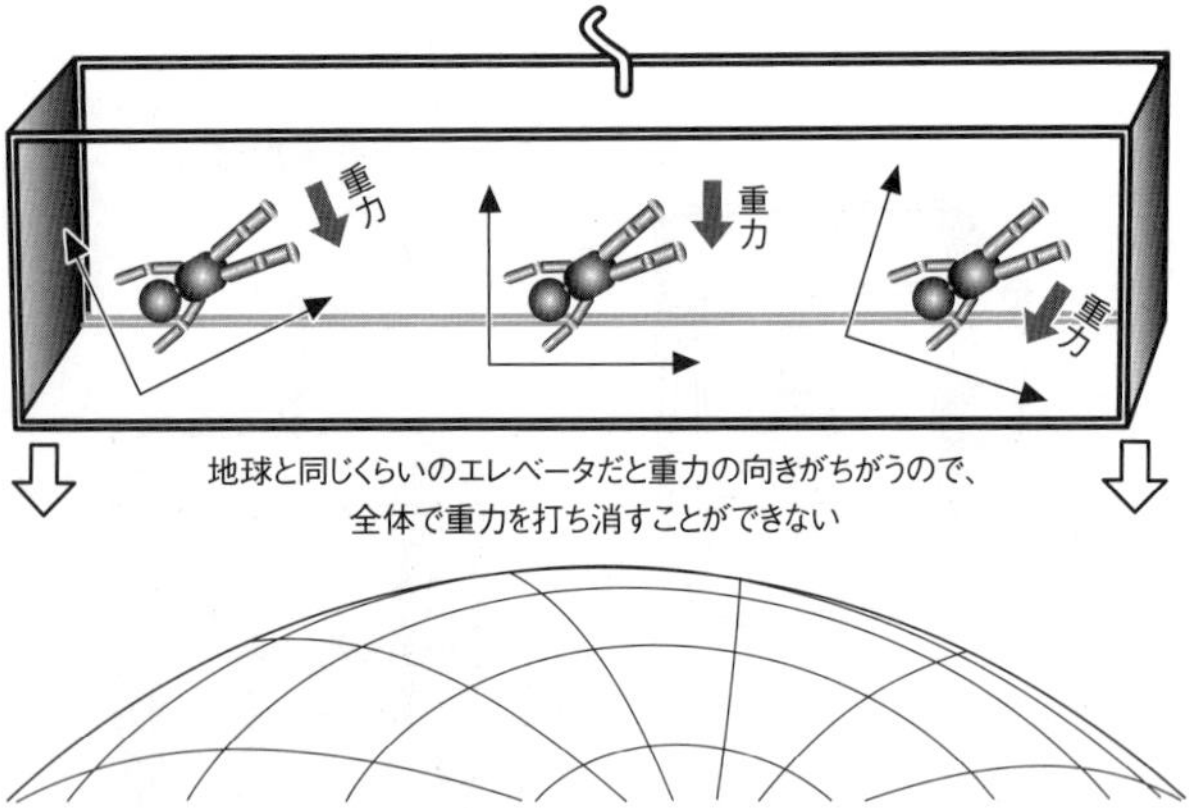
重力
重力
重力
地球と同じくらいのエレベータだと重力の向きがちがうので、
全体で重力を打ち消すことができない

図15　小さな領域で重力を消去できたとしても、全体で重力を消すことはできない。地球と同じくらい大きなエレベータを考えれば、重力のはたらく向きがちがうことから、それは明らかだ。

一台が自由落下するならば、確かにその瞬間は等価原理により、重力の影響は相殺《そうさい》される。しかし、仮にエレベータがとてつもなく大きくて、地球の半径くらいだったとしよう（図15）。エレベータの両端では重力の向きが異なるため、一つの慣性力で重力を相殺することは不可能だ。

つまり、すごく小さな領域で重力を消去できたとしても、より大きな空間・長い時間で運動を観測すれば、重力がはたらいていることがわかる。重力は局所的には相殺できても、大局的には消去できないのだ。アインシュタインは、重力の正体は時空の持つ特有の構造として説明できるのではないか、と考えた。

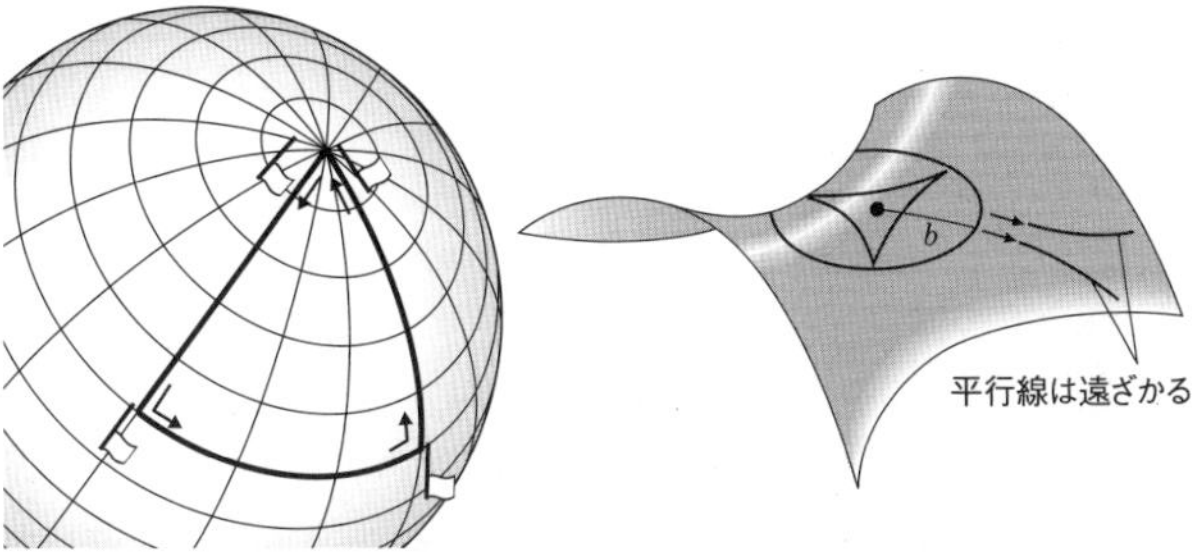

正の曲率（地球表面）　負の曲率（馬の鞍）

図16　正の曲率と負の曲率　地球儀の上で三角形を描くと、三角形の内角の和は180度より大きい。また、馬の背につける鞍の上で三角形を描くと、三角形の内角の和は180度より小さい。このような曲がった空間（平面）を扱う幾何学がリーマン幾何学である。旗を持ってこの三角形を１周するとき、旗を常に同じ向きに持っていたとしても、１周して戻れば旗は違う方向を向いている。このことから平面上の人は自分が曲がった平面にいることがわかる。

曲がった時空の幾何学

アインシュタインが、友人で数学者のグロスマンにこの考えを相談すると、グロスマンは当時完成していた「リーマン幾何学」の存在を教えた。平らな空間上での幾何学（ユークリッド幾何学）ではなく、曲がった時空の幾何学である。

ただし、グロスマンはアインシュタインに「これは込み入った数学なので、物理学者が深入りするものではない」と警告したそうだ。しかし、その後2年間、アインシュタインはリーマン幾何学に没頭する。

曲がった空間（3次元空間）のイメージは、地球儀の表面の曲がった平面（2次元面）を考えると理解しやすい。図16を見ていただこう。北極から赤道へ下りていき、赤道上を東へ進む。そして再び北極に行くルートの三角形を考えよう。赤道で2回直角に曲がっているので、この三角形の内角の和は明らかに180度より大きくなっている。逆に馬の背につける鞍の上で三角形を描くと、三角形の内角の和は180度より小さくなる。机の上のような平らな平面（2次元面）では三角形の内角の和は常に180度であるが、世の中には曲がった空間が存在するのだ。曲がった空間では、違う幾何学が必要になる。それが19世紀に完成していたリーマン幾何学だった。

角度を測る代わりに、旗を常に同じ方向を向くように持ち歩いて1周してもよい。スタート位置に戻ってきたときに、旗が違う方向を向いていたら曲がった空間だった、ということになる。この考え方を一般化したのが、リーマン幾何学の**曲率**である。旗（正確にはベクトル）を持ってある点の周りを1周したとき、旗（ベクトル）が元の向きと一致すれば、そこは平らな空間で曲率はゼロ。違う方向を向けば曲がった空間ということになる（地球儀表面では曲率が正、鞍の上では曲率が負とする）。

質量のある物体の周りの時空はゆがむ

17世紀にニュートンが説明した万有引力（重力）の法則は、とても明快だった。なぜ万有

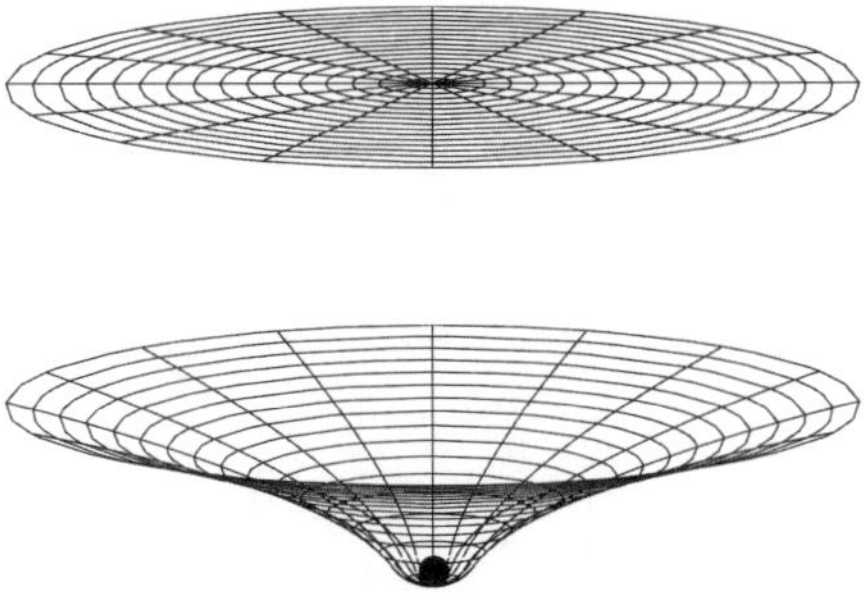

図17　トランポリンに物体を載せると膜は下がる。アインシュタインは、空間もこのようにゆがむと考えた。

引力が存在するのかという疑問には答えないものの、太陽系の惑星運動を見事に説明するものだった。ただし、どんなに距離が離れていても、万有引力は瞬時にはたらくもの（無限の速さで伝わるもの）、と考えていたので、「光の速度より速く伝わるものがない」と考えるアインシュタインの理論とは矛盾する。

アインシュタインは、重力も有限の速さで伝わるものと考えた。重力を伝えるものは何だろうか。思いつくのは空間でしかない。アインシュタインは、「質量のある物体の周りの時空はゆがむ」というアイデアで重力の正体を説明しようとした。重力の正体が時空のゆがみであれば、時空が伸びたり縮んだりする性質が波のように周囲に伝わってゆく、という考えである。

トランポリンの膜を想像してほしい（図17）。上に何も載せなければ膜は水平とする。重いものを載せるとトランポリンの膜は重力によって下に伸び、やがてつり合う場所で止まる。水滴がトランポリンの上にあれば、沈んだ膜に沿って水滴は下に移動してゆくだろう。だから、重力はトランポリンの膜の傾きと置き換えて考えることもできる。

一般相対性理論は、トランポリンの膜（2次元の膜）を4次元の時空に拡張したものだ。アインシュタインは、重力の正体は4次元時空のゆがみ（曲率）であると考えたのである。

水星の近日点移動

アインシュタインがリーマン幾何学との格闘を始めた当時、空間が曲がっていなければならないと積極的に信じなければならない実験事実はなかった。アインシュタインが自分の理論の正しさをチェックするのに用いたのは、唯一、水星の近日点移動の原因解明である。

太陽系の惑星の運動は、海王星の発見（1846年）のエピソード（29ページ）で述べたように、ニュートンの運動方程式でほぼ正確に説明できることが知られている。しかし、太陽に一番近い水星が楕円軌道を描いていないことは、1859年からの未解決問題だった。この問題を発見したのは天文学者のル・ヴェリエである。

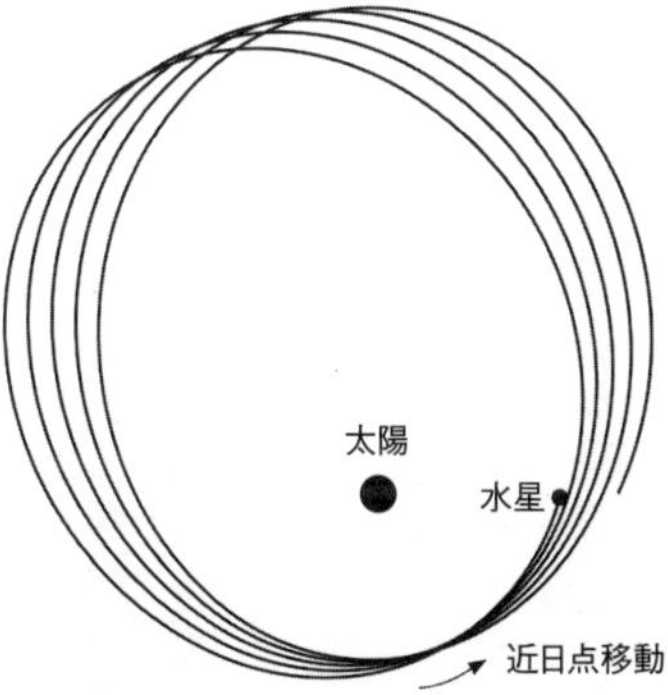

図18　水星の近日点移動を極端に描いた図。

水星は、他の惑星と違って、楕円運動とはならず、１００年で角度が５７４秒ずつずれて（1度より小さな角度は、1度を60分、1分を60秒とする単位を使う）いく。そして２２５０世紀で完全な「ばら模様」を描くことが観測からわかっていた。このような運動を**近日点移動**という（図18）。

水星は太陽の他からも重力を受けて動く。きちんと計算すると、一番近くにある金星の影響で２７７秒のずれがあり、一番重い惑星である木星の影響で１５３秒のずれ、地球の影響で90秒、その他の惑星で10秒分の説明が可能だった。しかし、これらを全部足しても、残りは43秒角あり、なかなか説明がつかなかった。ル・ヴェリエは解決案として、「水星よりも内側の軌道を回る惑星があるかもしれない」と論文で述べた。バルカンと名付けられた未知の惑星は、しかし発見されていなかった。

アインシュタインは、特殊相対性理論を用いて、水星の近日点移動の問題を解決しようと試みたことがある。このときは、水星が運動することによる質量変化を取り入れて計算した。しかし、観測値と合わなかった。ラウエは、アインシュタインに向かって「もし、水星の近日点移動の説明に成功したら、あなたの理論を信じよう」と語ったという(一般相対性理論で、水星の近日点移動の値がピタリと導出された後は、ラウエはアインシュタインの信望者になった)。

3・2 アインシュタイン方程式

数年の試行錯誤のうち、アインシュタインは、ようやく「一般的な相対性理論」を完成させた。中核となる式が、ここで紹介する「**重力場の方程式**」である。「**アインシュタイン方程式**」とも呼ばれる。

アインシュタイン方程式（重力場の方程式）

$$R_{\mu\nu} - \frac{1}{2} g_{\mu\nu} R = \frac{8\pi G}{c^4} T_{\mu\nu}$$

空間の歪み　　　　物質分布

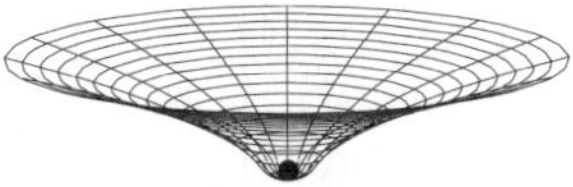

$R_{\mu\nu}$：リッチテンソル
$g_{\mu\nu}$：計量テンソル
R：曲率スカラー
G：万有引力定数
c：光速
$T_{\mu\nu}$：エネルギー運動量テンソル

図19　アインシュタイン方程式　空間の曲がり具合を表す計量テンソルについての微分方程式。

アインシュタイン方程式の構造

これから本書の主役となるアインシュタイン方程式を紹介しよう。

式自体を表すと図19のようになる。アインシュタイン方程式は、空間がどう曲がっているのかを表す計量テンソルについての式である。計量テンソルは、空間の3方向と時間の合わせて四つの軸が、どのように長さを変えていくのかを表す量だ。添え字にμとかνとか書かれているが、ここには座標t、x、y、zが入り、全部で10個の成分がある。だから、アインシュタイン方程式は10本の方程式である。

左辺は、空間の曲率を表している。曲がっていなければ10成分ともゼロである。リッチテンソル・曲率スカラーと書かれている項はリーマン幾何学で使われている曲率を表す量である。この量は簡単に見えるが、計量テンソルの空間微分と時間微分が複雑に入り混じった項になっていて、アインシュタイン方程式は2階の非線形偏微分方程式である。

これらの組み合わせを基本量として考え出したアインシュタインの洞察には畏敬の念を感じる。今でこそ、この組み合わせが物理法則として機能することを知っている我々は、曲率の計算を頑張って行うけれど、一番簡単なモデル設定のときでさえ、慣れていなければ一晩はゆうにかかるほどの地味で単調な計算を要求される。

右辺は物質の圧力や密度が空間のどこにどのように分布しているのかを表している。物質がなければ（真空であれば）ゼロである。右辺に出てくる係数には、万有引力定数Gや、光速度cが登場する。これは、この基本方程式で、重力が弱い場合には、ニュートンの万有引力の式に帰着するように見出されたものだ。

アインシュタイン方程式を「解く」ということ

重力場の方程式を解くということは、10本の微分方程式を解いて、計量テンソルを求め、時空がどのようにゆがんでいるのかを求めることである。計量テンソルが決まると、物質がどのように動いていくのかも決まる。物質分布が変われば、再び計量テンソルが変化する。

このようにして、時空がダイナミックに変化していることを表す式になっている。モノがあれば時空は曲がる。時空が曲がればモノは動く。その作用を一つにまとめた美しい式である。

アインシュタインは、この方程式を、ほとんど彼の信念・物理的な美的感覚から結論した。「どのような座標系でも同じ形の方程式となるために、方程式はテンソル形式で書かれていなければいけない」「時空の曲率はこの組み合わせでないといけない」というある種の美的センスと、「少なくともニュートンの重力理論を含む式でなければならないから、係数はこう決まるはずだ」という極限理論のセンスである。

アインシュタインは、自分自身が目指していた理想型の方程式が導き出せたことでたいへん満足した。理論の完成当時、（次節で紹介するが）水星の近日点移動の問題を解決できたことで、正しさを確信していた。そのため、彼本人は、この方程式をきちんとすぐには解いてみようとしなかった。

アインシュタインの重力場の方程式は、解くことがとても難しい。そのため、「球対称」とか「軸対称」など時空の対称性を仮定したり、「静的」（動いているものがない状況）とか「定常」（同じ運動を続けている状況）のような運動の条件を課したりして解を見つける作業が今でも続いている。こうして解けた解には、発見した人の名前が付くことになっている。

アインシュタイン方程式を初めて解いたのは、シュヴァルツシルトである。彼は真空で球対称・静的な仮定をして、どのような解が得られるのかを考えた。考えられうる最も簡単な設定である。この話は、4・1節で紹介することにして、次節ではアインシュタインが最終的な方程式に到達する直前の様子についての話をしよう。

ちなみに、この時期ヨーロッパでは、第一次世界大戦が起きていた。1914年6月にサラエボ事件が発生し、7月にオーストリアがセルヴィアに宣戦布告して始まった大戦は、18年11月にドイツが休戦協定に調印するまで、スイス以外のヨーロッパ諸国は近代兵器が使われた戦争で甚大な被害を被った。しかし、平和主義者アインシュタインは、戦争の現実から逃げ込むかのように、精力的に物理研究を進めている。この時期に彼は50編の論文と1冊の本を出版している。一般相対性理論の完成のほか、プランクの輻射遷移に対する新しい導き方と量子力学の困難さに関する論文も出版するなど驚くべき活動である。

3・3　アインシュタインとヒルベルト

「現代数学の父」との先取権争い

アインシュタインが最終的な方程式に達したとする論文は、１９１５年11月25日に投稿された。しかし、その5日前の11月20日付で、同じ方程式を投稿した数学者がいた。ヒルベルトである。ヒルベルトは１８６２年生まれの数学者で、現代数学の父とも称される。アインシュタインよりも17歳年長である。１９００年にパリで開かれた国際数学者会議においてヒルベルトは「23の未解決問題」を発表し、20世紀の数学研究の方向性を作ったことでも有名である。重力場の方程式を最初に導いたのは、アインシュタインなのか、ヒルベルトなのか。その先取権争いの話を紹介しよう。

重力場の方程式の導出は、紆余《うよ》曲折し、アインシュタイン自身も最終的な式に達したのは、直前だった。１９１５年11月は1週間おきに学士院で途中経過を発表し、その翌週には報告として論文を書き、自宅にこもりきりで計算を続けていた。というのも、10月になって、それまでの考えが間違っていたことに気がついたからだ。

その年の夏（6月28日〜7月5日）、アインシュタインはヒルベルトに招かれて、ゲッティンゲンで2時間の講義を6回行った。ヒルベルトがアインシュタインの考えをよく理解してくれたことで、アインシュタインも上機嫌だった。この段階での重力理論は、しかし、まだ未完成で、アインシュタイン自身も満足のいくものではなかった。弱い重力のときには、ニュートンの理論に戻るような理論にはなっていたが、方程式がこの形に限られる、とするような数学的な裏付けがなかったからだ。重力場の問題は簡単に実験で確かめられるものではないため、誰もが納得できるような「真理」であることを証明するためには、何らかの納得できる論理が欲しかったのである。

アインシュタインが、後にゾンマーフェルトに宛てた書簡では、10月の時点で、これまでの論文では「回転する座標系が正しく扱えていなかった」「理論的に得られた水星の近日点移動の値が観測値の半分でしかない」そして「重力場の方程式が『共変性』を持たないと考えていたことは誤りだった」と問題点を述べている。11月4日の論文では、座標系に制限をおいた上で、重力場の方程式を得た。翌週11日の論文ではこの座標条件を出発点とすることを主張する（2週間後の論文では撤回する）。次週18日の論文では、水星の近日点移動の値が（以前得た値の倍の）１００年間に43秒角になるという正しい値を得た（当時観測から知られていた値は45秒角±5秒角だった）。この値を得たときには「心臓の鼓動（palpitation）を感じた」と述懐している。また、この論文には半ページだけ使って「太陽のそばを通過する光は、重力によって、（以前得た値の倍の）１・７秒角だけ湾曲する」とも述べている。

11月の往復書簡

このエキサイティングな数週間にアインシュタインとヒルベルトとの往復書簡が残されている。アインシュタインは、11月7日と12日に、新たに重力場の方程式を得たことをヒルベルトに伝えた。これに対して、13日にヒルベルトは「あなたの結果は私が得た結果とは違う。電磁場と重力場を合わせた理論が得られた。16日にゲッティンゲンに来てくれれば説明する」と返事を出している。アインシュタインは15日、「胃炎なので行かない。論文を送ってほしい」と返信。16日に講演したヒルベルトはすぐにアインシュタインに論文原稿を送った。

ヒルベルトは「変分原理」と呼ばれる手法を用いていて、アインシュタインとはまったく異なるアプローチだった。変分原理は、自然界で実現する現象はエネルギー的に最小になるものが実現する、という原理である。例えば、光が空気中から水の中へ進むときに屈折するが、それは光が最小時間で到達するような経路を選ぶからだ、と考えて計算すると屈折角が得られる。また例えば、シャボン玉が球面になるのは、張力をもった石鹸膜がその面積を最小にしようとするからだ、と考えれば説明できる。「変分原理」は今でこそ基礎物理の中心に据えられている考え方であるが、まだ当時は理論の出発点にするほど市民権を得ているものではなかった。

18日、アインシュタインは「あなたの式は私と同じ式である。この数週間に、共変性を満たし、かつニュートン理論を極限として持つ式を見つけた。水星の近日点移動の値も得られた」と返事を出している。実際のところ、ヒルベルトの出した式は、現在知られているアインシュタインの重力場の方程式（アインシュタイン方程式）と同じである。しかも、変分原理による導出は、まさに数学的なお墨付きともいえる話であった。11日の時点で議論している論文では座標系を制限していたが、その場合にはゼロになって消えて出てこない項もヒルベルトの論文原稿には書かれていた。アインシュタインは心穏やかでなかったにちがいない。

ヒルベルトは11月20日に論文を投稿して受理された。アインシュタインは演繹《えんえき》的方法で得られた重力場の方程式を25日に投稿して受理される。アインシュタインの論文は、12月2日に出版された。ヒルベルトの論文が出版されたのは、翌年3月である。

アインシュタインの11月25日の論文は「最終的に一般相対性理論は、一つの論理的構造物

として ここに完結した」と宣言している。28日にはゾンマーフェルトに宛てて「この１ヶ月の間、私は一生のうちで最も興奮かつ奮闘した期間を過ごしました」とも記している。

和解

アインシュタインは、ヒルベルトが重力場の方程式を急いで論文にしたことを「剽窃《ひょうせつ》行為（plagiarism）」と感じていたようだ。しかし逆に論文の投稿年月日から見ると、ヒルベルトの方が先であり、二人の間には書簡が存在することから、アインシュタインが最終的な方程式の導出に関して、ヒルベルトの論文を「盗用」したとも言えるのか。――この問題は、長い間、アインシュタインの研究家や伝記作家を悩ませた。例えば、パイスは１９８２年の著作の中で「アインシュタインが一般相対性理論のただ一人の創設者であり、彼とヒルベルトの二人が基礎方程式の発見の栄誉を受けるべきだ」と歯切れ悪く書いている。

重力場の基礎方程式の先取権（credit）の問題は、１９９７年になってヒルベルトの論文の校正刷り原稿が発見されて解決した。ヒルベルトがはじめに投稿した論文と、掲載された論文はだいぶ内容が違っていたのである。出版社から12月６日付のスタンプが押された校正刷に対して、ヒルベルトが手書きで書き換えた内容としては、二つあった。一つはアインシュタインが数年前に提唱した「共変性」の扱いですでにアインシュタイン自身が修正していた定義である。もう一つは変分原理による重力場の計算結果を初校原稿では載せていなかったことである。ヒルベルトは3月に出版されることになる論文では冒頭でアインシュタインの11月の論文を引用し、「自分の方程式はアインシュタインの素晴らしい理論（magnificent theory）と一致する」と書き加えている。この事実が判明して、重力場の方程式は、歴史家にとってもアインシュタインの業績と断言できることになった。

アインシュタインとヒルベルトの往復書簡は12月20日まで途絶えた。再開された書簡では、アインシュタインは次のように綴《つづ》っている。

私たちの間に、確かに悪い感情がありました。私はその原因を分析したいとは思いません。苦い感情に直面する中でも完全な成功を目指して苦闘してきました。私はもう一度あなたのことを平静な友情を持って考えます。このさもしい世の中で、ある程度抜け出した同輩二人が、互いの存在を楽しまないとしたら、本当に恥ずかしいことです。

その後の二人は友好的だった、とのことである。

アインシュタインは、総合報告として16年３月20日に「一般相対性理論の基礎」と題された解説論文を発表した。研究者間には、この論文で、一般相対性理論が知れ渡った。そして16年10月に自分の流儀で変分原理を用いて重力場の方程式を再度導出した。そこではヒルベルトの論文を引用し、「変分原理から導くことは、一般相対性理論を特に見通しのよいものにしている」と紹介している。ヒルベルトは17年と24年に続編の論文を出版している。

３・４　皆既日食による重力レンズ効果の確認

幸運となった皆既日食観測の失敗

光さえも重力の効果で湾曲する、という現象は、重力レンズ効果と呼ばれる。平行な光は凸レンズを通過すると焦点に向かって集まるようになるが、同じように質量の大きな星や銀河があると、その背後から来た光は湾曲し、内側に少し曲がる（図20、90ページ）。ここでは、初めてこの効果が発見された１９１９年の話を紹介しよう。

アインシュタインが等価原理を発見した１９０７年頃、彼はこの原理は光さえも湾曲させることに気がついた。しかしその効果はあまりに小さくて観測されることはないものと考え

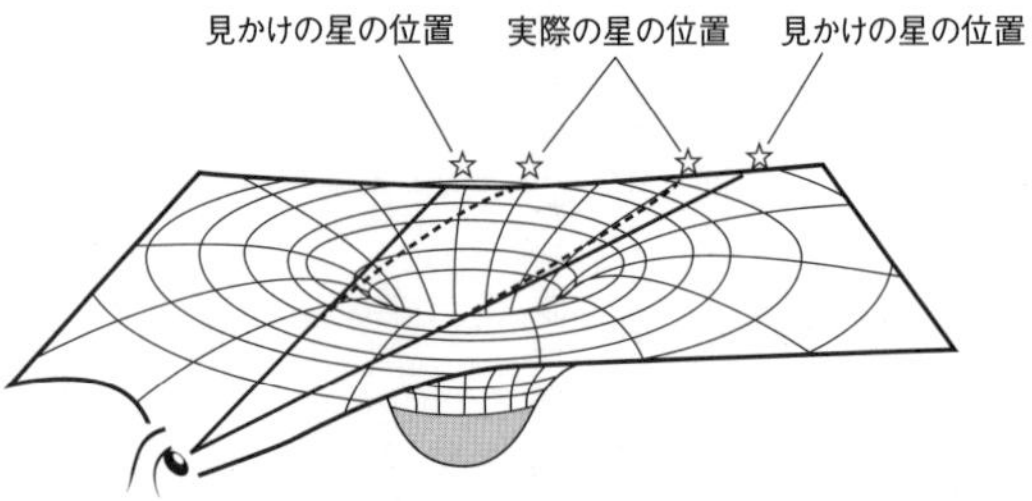

図20　重力でゆがんだ空間では光も曲がる。重力レンズ効果といわれる原理。

た。11年、アインシュタインは光の粒子説と重力の法則を組み合わせると（光粒子に重さがあると考えて）、太陽によって光は0・87秒角だけ曲がり、皆既日食で観測できるのではないかと考える。皆既日食では、昼間の太陽が月に隠されて数分間の暗闇が訪れる。そのときには太陽の近くを通る星の光も輝いて見える。普段のときの星の写真と、皆既日食のときの星の写真を比べれば星の位置が違って写っているはずだ。それで重力レンズ効果が確認できるだろう、という考えである（図20）。

しかし、11年当時はまだ、重力の正体が空間のゆがみであるとは気づいていないので、誤った値である。そして、一般相対性理論が完成した15年には、光の湾曲する角度は、倍の大きさの1・75秒角になると予言した。ニュートンの理論と、一般相対性理論の予言する値が違うことから、観測してどちらの理論が正しいのかが判定できることになる。

アインシュタインは幸運だった。日食による観測結果が出たのは、彼が正しい答えを得た後だったからだ。1912年の皆既日食では、光の偏向観測を試みたアルゼンチンの観測隊がブラジルに出かけたが雨で観測ができなかった。14年8月の日食を観測するためにクリミア半島に向かったドイツの観測隊は、第一次世界大戦勃発のため、観測前に呼び戻された（当時、アインシュタインは「日食の観測が成功しようとしまいと、私は理論体系を疑わない」と友人ベッソーに宛てた手紙に記している）。16年のベネズエラで起きた皆既日食は、戦争で観測どころではなく実現されなかった。18年6月のアメリカで起きた日食でも有意な結論が得られなかった。

アインシュタインを有名にしたのは、1919年5月の皆既日食である。イギリスのエディントンは、オランダのド・ジッターから、アインシュタインの一般相対性理論の論文を受け取り、第一次世界大戦中でドイツ発の情報が伝わらなかった英語圏に相対性理論を広めるはたらきをした。そして、17年には王立天文学会で、皆既日食を用いた相対性理論の検証観測の重要性を申し入れている。19年5月29日の日食が適していることがわかると、その提案に応えて、王立天文学会は二つの観測隊を組織した。一つはグリニッジ天文台のクロンメリンが率いてブラジル・ソブラルへ、もう一つはエディントンが率いてアフリカ・スペイン領赤道ギニアのプリンシペ島へ行く隊である。どちらかが曇って観測できなかったときの2隊編成だった。

エディントンは、出発前にこの日食観測隊の意義を次のように述べている。

「この日食観測隊は、光の重さを初めて確認することになるかもしれないし、あるいはアインシュタインが主張する非ユークリッド空間というとっぴな理論（weird theory）を確認することになるかもしれない。あるいは、もっとかけはなれた結果——光の湾曲なしという結論になるかもしれない」

はたして日食当日、ソブラルもプリンシペ島も晴れ、どちらも6分あまりの皆既日食中に数枚の写真撮影に成功する。エディントンは事前に撮影していた写真との比較を厳密に行い、その結果をケンブリッジ大学で開かれた11月6日の王立天文学会と王立協会の合同集会で発表した。その結果は、太陽による光の湾曲は存在し、その大きさはソブラルの写真では1.98±0.16秒角、プリンシペ島の写真では1.61±0.30秒角で、どちらも明らかにアインシュタインの予言を支持していた。

重力に関する最も重要な結果

「光はアインシュタインの重力の法則にしたがって湾曲することが確かめられた」と結論したエディントンとクロンメリンに対し、会場にいたシルバーシュタインはその結論に批判的な発言をしたという。シルバーシュタインは「確かに光は湾曲した観測結果だが、光に生じるはずの赤方偏移の証拠がない。だから重力に起因すると結論するのは早急だ」と主張し、(会場に飾られていたニュートンの肖像画を指して)「あの偉大な人物の重力の法則を変更あるいは修正するのならば、極めて慎重に進めるべきである」と述べたという。

シルバーシュタインは、そのときすでに(特殊)相対性理論の教科書を著すほどの良き相対性理論の理解者であって、この批判は的を射たものでもあった。だが、その集会の議長を務めていたトムソンは、「これはニュートンの時代以来の、重力に関する最も重要な結果である。ニュートンにゆかりのあるこの集会で発表されたことは実にふさわしく、アインシュタインの理論は人間の思索の最もすぐれた業績の一つだ」と語り、結論を下した。

真偽は確かではないが、よく語られる話として、次のものがある。シルバーシュタインは、この会議の後で、エディントンに「エディントン教授、相対性理論は難しいと言われ、世界で三人しか理解していないと言われます。あなたはその一人ですね」。当然シルバーシュタインは、アインシュタインと自分自身を含めて三人として褒め称えたつもりだった。言葉に詰まったエディントンに対し、シルバーシュタインが「ご遠慮なさらずに」と続けると、エディントンは「いや、誰が三人目なのかを考えていたところだ」と返したという。

3・5 アインシュタイン伝説の始まり

「ニュートンのアイデアは捨て去られた」

皆既日食で時空のゆがむ理論が正しいものと確認された翌日の11月7日、ロンドンの『タイムズ』紙が、このニュースを大々的に報じてからは、アインシュタインは世界中の人の知るヒーローとなった。『タイムズ』は「科学の革命　宇宙の新しい理論　ニュートンのアイデアは捨て去られた」というタイトルで前日の会議の内容を伝え、小見出しには「空間はゆがんでいる（Space "Warped"）」とも入れている。このニュースを知った『ニューヨーク・タイムズ』紙は、11月9日付で「光はすべて天空でゆがむ　アインシュタインの理論の勝利」として大々的に伝えた（図21）。

それまでアインシュタインの業績は、ヨーロッパの新聞では時折紹介されることもあった

図21　〔左〕皆既日食の結果を伝えるニューヨーク・タイムズ紙の見出し（1919年11月９日）　〔右〕イラストレイテッド・ロンドン紙の解説図（1919年11月22日）。

が、アメリカのマスメディアがアインシュタインを取り上げたのはこのときが初めてだった。しかも、『ニューヨーク・タイムズ』紙はトムソンの言葉を「アインシュタインの理論は人間の思索の最もすぐれた業績の一つ——おそらく最も偉大なもの——だ」と記事を脚色したばかりか、アインシュタインが16年に一般向けに書いた本を出版する際に「この本を理解する人間は世界に12人しかいないでしょう」と語った、とも伝え、伝説的な英雄像を積極的に作り出すようなキャンペーンを始めた。

　アインシュタイン自身は、皆既日食

の結果は11月6日以前に伝え聞いて知っていたようだ。ロンドンの『タイムズ』紙に寄稿を頼まれた彼は、「戦争の最中に敵国ドイツで生まれた理論を、イギリスの科学者たちが時間と労力をかけて示してくれたことは、イギリス科学の高く誇らしい伝統である」とコメントしている。

アインシュタインは、このとき40歳。その後、世界各国を訪ねる度に、熱狂的に人々に囲まれる伝説の人となり、それは76歳で生涯を閉じるまで続くこととなった。

日本で熱狂的に迎えられたアインシュタイン

アインシュタインは、1922年（大正11年）11月に、日本を訪れている。当時のオピニオン・リーダー誌だった雑誌『改造』を出版していた改造社が「今の世界で最も偉大な人物」として招聘《しょうへい》したツアーで、43日間滞在し、東京・仙台・名古屋・京都・大阪・神戸・博多で一般講演をしたほか、専門家向けにも6回の特別講演を行った。慶應義塾大学で行われた第1回の一般講演は6時間に及ぶ講演となったが、女性も含む2000人の聴衆が夜8時半の閉会までに一人も席を立たず、通訳の石原純の言葉に静粛かつ真剣に聞き入っていたと新聞が伝えている。理屈が理解できる、できないにかかわらず、聴衆は皆アインシュタインの音楽のような声に酔いしれたという。日本各地でのアインシュタインの温かで穏やかな人となりは、一挙手一投足伝えられ、日本中の人々が魅了された。石原純著、岡本一平画の『アインシュタイン講演録』（東京図書、１９７１）からはその雰囲気が直《じか》に感じられる。アインシュタイン自身も日本に魅了された。古き伝統を持つ社会から急速に西洋の文化を取り入れていく日本人に対して、

古くから持っていた大きな財産、すなわち生活の芸術化、個人的欲求における素朴さと簡素さ、そして日本的精神の純粋さと平静さ、それらすべてを純粋に保存することを忘れないように

とメッセージを残している。

離婚・再婚

１９１９年に話を戻すと、この年はアインシュタインが離婚・再婚した年でもある。次第に有名になり、研究に打ち込んでゆくアインシュタインは、妻ミレヴァにとって家族を二の

次にする夫であり、14年にアインシュタインがドイツ・ベルリン大学教授になってからは家族は一時はベルリンに移動したもののすぐにチューリッヒに戻って別居していた。17年から胃潰瘍を患ったアインシュタインを献身的に介護したのは、従姉妹のエルザ・レーヴェンタールだった。エルザはアインシュタインより3歳年上で若い頃からの知り合いであり、その頃は離婚して二人の娘を育てていた。結婚を考えたアインシュタインは、ミレヴァとの離婚手続きを始め、いずれ受賞すると確信していたノーベル賞の賞金をミレヴァと子供たちに譲ることを条件に19年2月に離婚を成立させた。エルザとの結婚は6月である。

アインシュタインがノーベル賞を受賞するのは、１９２２年である。授賞理由は「理論物理への貢献、特に光電効果の法則の発見」だった。前年に該当者なしとされた物理学賞を遡《さかのぼ》って授賞されることになったのだが、その一報は、日本に来る途中の船上だった。日本ではそのニュースも加わって大フィーバーとなった。12月に行われたノーベル賞授賞式には出席できず、駐スウェーデンのドイツ大使が代理で賞を受け取った。アインシュタインがスウェーデンを訪れて講演するのは、翌23年7月である。

３・６　ノーベル賞の贈賞理由は相対性理論ではなかった

スウェーデン王立科学アカデミー幹事の手紙

アインシュタインが受賞したノーベル賞の贈賞理由は相対性理論ではなかった。

スウェーデン王立科学アカデミー幹事のアウリヴィリウスによる、アインシュタインに授賞を知らせる手紙（１９２２年11月10日）では、

　貴下の理論物理学における業績、とりわけ光電効果の法則の発見を考慮した賞の授与であり、将来に確認された後で価値を与えられることになるであろう貴下の相対性理論や重力理論は考慮に入れておりません。

となっている。また、授賞式で王立科学アカデミー委員長のアレニウスが読み上げた贈賞理由ではじめにアインシュタインの業績として相対性理論を挙げながらも、

現存している物理学者の中でアルベルト・アインシュタインほどその名を知られた人はたぶんいないでしょう。多くの人々が彼の相対性理論について議論しています。これは基本的には認識論の問題だとされており、そのため、哲学者の集団で活発に論争されています。（中略）この理論は天体物理学上の効果にも関連していて、それらは現在では厳密に実証されています。

と、相対性理論に対して距離を置く姿勢を出している。なぜノーベル賞は相対性理論を対象としなかったのだろうか。

王立科学アカデミーの不幸

ノーベル物理学賞は、スウェーデン王立科学アカデミーが授賞者を決定するが、その決定過程は次のようになっている。まず、アカデミーの会員5名が選ばれて委員会が作られ、委員会は世界中の著名な学者に候補者推薦を依頼する。提案されてきた候補者に関して、委員会は資料や業績を検討し、多数決で推薦者を決定し、推薦理由をつけた報告書をアカデミーへ提出する。アカデミーでは、まず物理部会で投票があり、さらにアカデミー全体での（物理だけではなく全体での）決定投票が行われる。

贈賞後50年経《た》つとノーベル財団は選考記録を公開する。それによると、アインシュタインは、１９１０年から１９２２年まで、１９１１年と15年を除いて毎年、物理学賞の候補になっていた。世界中の物理学者から挙げられた彼の業績は特殊相対性理論、一般相対性理論、理論物理学、数理物理学、分子物理学、量子物理学など多岐にわたっていた。しかも、19年に皆既日食で光の湾曲が確かめられてからは、一般相対性理論は、水星の近日点移動の立証と合わせて少なくとも二つの実証がされていたため、「確かめられた科学であること」を第一に優先するノーベル賞授賞の条件をクリアしていた。

パイスの調査によれば、ローレンツ、ゼーマン、オネス、ボーア、プランク、エディントン、ノルドストローム、ウィーナーほか多くの学者によって相対性理論を対象にしてノーベル賞授賞を推薦する手紙が残されているという。

しかし、不幸なことに、スウェーデン王立科学アカデミーには相対性理論を十分に理解している会員がいなかった。20年に調査を担当したアレニウスは、水星の近日点移動はほかの理論に基づいても説明できるとするゲーリッケの論文を引用したり（この論文が矛盾した仮定に基づくことは17年にアインシュタインがすでに指摘していた）、日食による光の湾曲についても赤方偏移などが観測されていないために批判があることを報告している。また、21年に同様の評価を求められた眼科医のグルストランドは、特殊相対性理論については「測定できる効果は小さく、実験誤差の範囲内」とその重要性を指摘せず、一般相対性理論についても水星の近日点移動では立証されていないとする立場を指摘した。

1921年にノーベル物理学賞は誰にも授与されなかった。翌22年にはアインシュタインへの贈賞推薦がさらに増えた。贈賞理由として、相対性理論と光電効果の二つが挙がり、再び相対性理論への評価を求められたグルストランドは評価を変えなかったが、光電効果の評価を依頼されたオゼーンは推薦する回答を寄せた。このような経緯で、アインシュタインは、光電効果の研究成果でノーベル物理学賞を授与されることになった。22年11月にアカデミーは、アインシュタインを21年のノーベル物理学賞に、ボーアを22年の同受賞者に決定したことを発表した。

先に触れたように、アインシュタインは、このときには日本に向けての船上だった。アインシュタインがスウェーデンに招かれて講演したのは、翌年の7月だった。イェーテボリにおける北欧自然科学者大会での彼の講演タイトルは「相対性理論の基本的な考え方と問題点」であり、光電効果に関することは一言も触れられていない。

［第４章］

ブラックホールで見る１００年

一般相対性理論を完成させたアインシュタインは、自身の得た方程式には満足していた。しかし、この方程式は極めて複雑なため、完全に解くことは不可能であって、何らかの近似のもとで解かざるを得ないだろうとも考えていた。実際のところ、水星の近日点移動を導いたときも、「弱い重力場の場合では」という仮定をした上で、解くべき方程式をかなり簡単にして導いている（それでも、ニュートン力学とは違う値が出てきたのだが）。

しかし、直ちに解いた人物がいる。ドイツのポツダム天文台長だったシュヴァルツシルトである。アインシュタインの相対性理論構築の試みを知った彼は、「球状の天体があり、その周囲が真空だったなら」という仮定のもとで方程式を直ちに解いて、アインシュタインにその結果を送付した。今ではブラックホールを表す解として一般相対性理論のどの教科書にも記載されている基本的な解である。しかし、この解がブラックホールと命名されるのは50年以上後のことであり、実際の天体として存在することがわかったのは、１９７０年代になってからである。

本章では、ブラックホール研究を軸にして、アインシュタイン方程式がもたらした１００年をみてみよう。

4・1　ブラックホール解の発見

アインシュタイン方程式の「厳密解」

アインシュタイン方程式は全部で10本の微分方程式が、非常に複雑に絡み合った構造になっている。そのため、時空に球対称とか軸対称などの対称性を仮定して、変数を減らした上で解く試みがある。

時空が球対称ならば、時空全体が玉ネギのような構造をしていて、すべての時空の特徴が中心からの距離だけによって決まる。時空が円筒対称ならば、時空全体がバウムクーヘンのような構造をしている。軸対称時空では回転している卵のような構造を扱うことになる。このような対称性を仮定すると、本来なら空間3次元を表すために三つの変数が必要となるところが、一つあるいは二つに減らすことができ、その他の設定と合わせればアインシュタイン方程式を解くことができるようになるのだ（ただし、このような仮定をしても必ず解けるわけではない。初めて解いた場合には「○○の解」と呼ばれて名前が残ることになる）。

アインシュタイン方程式を数式として解いた解を（数値的な解と区別して）「厳密解」とい

う。シュヴァルツシルト解は、初めて発見されたアインシュタイン方程式の厳密解である。

従軍先で方程式を解いたシュヴァルツシルト

１９１４年に第一次世界大戦が勃発すると、天体物理学者だったシュヴァルツシルトはドイツ陸軍に志願した。アインシュタイン方程式を知ったのは、15年11月で、ロシア戦線で弾道ミサイルの軌道計算をしていたときだという。興味を持ったシュヴァルツシルトは、考えられる最も簡単な状況で、アインシュタイン方程式を解くことにした。

シュヴァルツシルトが仮定したのは、時空が真空で（つまりアインシュタイン方程式の右辺がゼロで）、中心にだけ星があるような球対称構造になっており、さらに、時間変化しない場合だった。この仮定は最も状況を簡単にするもので、アインシュタイン自身が解かなかったのが不思議なくらいである。

シュヴァルツシルトはアインシュタインに計算結果を送付し、アインシュタインが16年１月16日と２月24日にプロシア・アカデミーにて論文を代読する形で発表した。シュヴァルツシルトが導いた解は数学的には正しく、今でも学生の演習問題として適した設定である（初めて計算する学生にはゆうに一晩以上かかる量の計算になるが、最近のコンピュータソフトを使え

シュヴァルツシルト計量（ブラックホール解）

シュヴァルツシルトが得たアインシュタイン方程式の解

$$ds^2 = -\left(1 - \frac{2GM}{c^2 r}\right)c^2 dt^2 + \frac{dr^2}{1 - \dfrac{2GM}{c^2 r}} + r^2(d\theta^2 + \sin^2\theta d\varphi^2)$$

↑ $r = 0$ で特異点　　↑ $r = r_g = \dfrac{2GM}{c^2}$ で特異点

図22　シュヴァルツシルト解　rは球対称時空の動径座標を表す。分母が0になってしまう箇所が2つあり、$r = 0$は中心の時空特異点、$r = r_g$はシュヴァルツシルト半径と呼ばれる。後にこの解がブラックホールを表すことがわかり、$r = r_g$はブラックホール地平面の位置を表すことが判明する。ここで、Mは質量、Gは万有引力定数、cは光速である。

ば1秒以内に結果を出すことができる）。しかしシュヴァルツシルトの解には、不思議な点が含まれていた。無限大が発生する箇所が二つあったのだ（図22）。

割り算の計算では、ゼロで割ってはいけない規則がある。値が「無限大」になってしまって意味がなくなるからだ。しかし、シュヴァルツシルト解には、物質を置いたところの原点と、そこから離れた一箇所に（球対称な時空を仮定しているので球面状に）「無限大」の点が存在してしまう。「無限大」の点は数学的には禁止され、物理的にも「あり得ない」ことである。アインシュタインは「申し分ない解だ」と評価しながらも、この解に「無限大」が出現することから、残念ながらこの解は仮定が単純すぎて実際の自然界には該当しないものと考えた。

シュヴァルツシルト半径

しかしこのシュヴァルツシルト解こそが、ずっと後に「ブラックホール」と呼ばれる天体で現実になろうとは、二人には思いもよらなかったことだろう。今では二つあった「無限大」の場所のうち、原点の方は「時空特異点」と呼ばれ、後者は「シュヴァルツシルト半径」と呼ばれる場所である。シュヴァルツシルト半径は、強い重力の影響で光さえも脱出できない、ブラックホールの境界面だった。

シュヴァルツシルト半径は、どんな物体に対しても計算することができる。太陽は地球の109倍の大きさを持つが、太陽のシュヴァルツシルト半径は約3㎞になる。地球のシュヴァルツシルト半径は約9㎜である。つまり、もし地球が質量をそのままにして親指の爪の大きさにまで圧縮されたならば、ブラックホールになることを示している。とても現実には考えられない密度になっているときの話だ。そのため、アインシュタインが「仮定が単純すぎたために出現した変な場所」と考えたのも無理からぬ話である。

シュヴァルツシルトは、残念ながら塹壕《ざんごう》で皮膚病を患って16年5月に他界する。アインシュタイン自身も、55年に没したので、ブラックホールと命名されることも、現実にブラックホール天体が発見されることも知らずに世を去った。

4・2　量子論の誕生まで

ブラックホールは、星の燃え尽きた最期の姿の一つとして理解されている。しかし、そのように理解されるまでには長い年月を要した。本章では、年代順に話を追っていくが、その準備として、1925年に完成した現代物理学のもう一つの柱である量子論について少し解説しておこう。

量子論の二つの発端

原子や原子核の姿を探る物理学は、量子論あるいは量子力学と呼ばれる。相対性理論はアインシュタインただ一人が独力で創りあげた理論だが、量子論は大勢の物理学者が次々と新しいアイデアを出しながら発展してきた学問である。

量子論の発端は、光の正体をどう理解するか、という問題である。第1章で述べたように、光の色と温度の関係を巡って、プランクはエネルギー量子説を唱え（1・2節）、アインシュタインが光電効果の理論を提案（1・3節）し、それらが実験で確かめられたことから、光は粒子のように振る舞うという考えが定着した。光の粒子のことを光子（photon）と呼ぶ。もともと光は干渉したり、屈折・回折する性質を持っているので波であると考えられてきたが、粒子的な降る舞いをする、と考えざるを得なくなったのだ。波であることと粒子であることは両立できない問題があるが、量子力学では、光子も電子も、粒子であったり波であったりする（ここで物理学史上有名なアインシュタイン対ボーアの大論争が存在するのだが、それは本書の話題ではないので割愛する）。

光に関しては、高温の気体から出される特定の色の光の由来も問題になっていた。光を波長によって分けたものをスペクトルという。太陽光をプリズムで分解すると虹色に広がるが、このように連続的に分布するものを連続スペクトルという。

一方で高温の気体が出す光からは、気体の種類に応じて決まったいくつかの輝線がまばらに観測され、これを線スペクトルという。例えばネオンランプはオレンジ色の光を出すように、線スペクトルは物質によって決まった波長のものだけが現れた。水素の線スペクトルは、スイスのバルマーらによって発見され、その波長は経験的に一本の式で表されるようになったが、なぜそのような式になるのかが不明だった。

量子論のもう一つの発端は、原子の構造である。我々は原子の中心には原子核があり、その周りに電子が回っていることを習う。原子核はプラスの電荷を持つ陽子と、電荷を持たない中性子からなり、マイナスの電荷を持つ電子は、原子核からの電気的な引力を受けて回っていることを知っている。しかし、現在のどんな性能の良い顕微鏡を使っても、ここまでの解像度はない。このモデルを理論的に導き出すまでには非常に長い年月を要している。

薄い金箔《きんぱく》にα（アルファ）粒子（と今でも呼ばれるヘリウム原子核）を照射すると、ほとんどのα粒子は金箔を通過するだけだが、ときどき大きな角度で散乱される粒子があることが実験で示された。この結果から、ラザフォードによって、原子は原子核と、その周りを回る電子でできているような土星型であることが提唱された。しかし、なぜ、電子が核の周りを回り続けていられるのかが不明だった。

ボーアの水素原子模型とパウリの排他律

ラザフォードの原子模型の問題点と水素の線スペクトルの式を同時に解決したのは、デンマークのボーアである。ボーアは、１９１３年に、水素原子モデルを理解するには、二つの仮定を認めればよいとして、「量子条件」と「振動数条件」の二つを提案する。一つめの量子条件とは、電子が原子核を回るときには安定して電磁波を出さない定常状態の軌道が存在

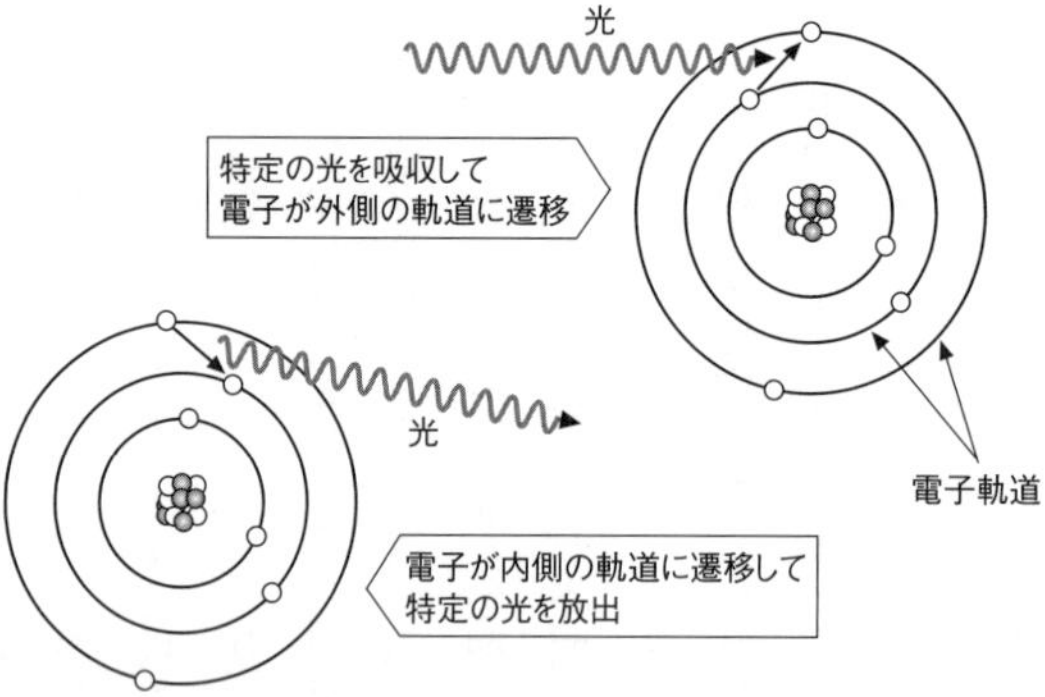
光
特定の光を吸収して
電子が外側の軌道に遷移
光
電子軌道
電子が内側の軌道に遷移して
特定の光を放出

図23　ボーアによる原子模型　電子の軌道は原子核の周りの特定な半径で決まっており、しかも電子は軌道間を移動できる。〔右〕原子に光を照射すると、そのエネルギーを吸収して電子は軌道半径の大きな軌道へと移動する。これが、暗線スペクトルの由来である。〔左〕電子はエネルギーを放出して内側の軌道へと遷移することもできる。これが、線スペクトルの由来である。

し、その半径がとびとびに決まっていると考えよ、というものである。二つめの振動数条件とは、電子がとびとびに存在する軌道間を移るとき、軌道間のエネルギー差に相当する光子を吸収あるいは放出すると考えよ、というものだ（図23）。

とびとびに存在する電子の軌道半径は、電子の持つ角運動量がある値の整数倍のときだ、とすれば解決できた。水素原子が放つ光は、すべて軌道間のエネルギー差から計算することができるようになった。

ボーアのモデルは、水素原子のスペクトルを見事に説明した。ゾンマーフェルトは、ボーアの着想を直ちに楕円軌道や立体的な軌道の場合に拡張した。そして、ボーアが導いた式に表れる整数を、方向別の成分を含めた三つの整数値（量子数）で決定できることを示した。

しかし、なぜ、すべての電子はエネルギー的に低い内側の基底状態に集まらないのだろうか。この疑問に答えたのが、パウリである。パウリは、「一つの軌道には、最大でも二つの電子しか存在できない」という**排他律**（exclusion principle）を提案する（25年）。この「原理」を使うと、元素の周期表も説明することができるようになる。周期表の1段目が二つの元素（水素とヘリウム）、2段目と3段目が八つの元素からなる理由は、電子軌道の数が内側から2、8、8個用意されているから、と説明できるからだ。しかし、それではなぜ「一つの軌道に電子は2個」なのだろうか。

1920年代初頭に、光が強い磁場中を通ると、スペクトル線がわずかに分離することがわかった（ゼーマン効果）。この分離を説明するために「電子はコマのように回転している」と考えられるようになる。電荷を持つ粒子がコマのように回転していれば（スピンを持つ、という）、磁力が生じ、スペクトルが分離する。29年には、ディラックが、「スピンの方向が互いに反対の電子の対だけが、一つの軌道に入る」と、パウリの排他律を修正する形で原理を作り、現象の説明ができるようになった。

量子力学の完成

このようにして、電子軌道についての理解が進むが、理論として完成させたのは、シュレーディンガーとハイゼンベルクである(25年)。

シュレーディンガーは「波動力学」という考え方で、電子が波のように降る舞う方程式を導き出した。一方でハイゼンベルクは「行列力学」という名のもとに、電子の軌道計算を行う方法を提案した。両者は、仮定したスタートラインも用いた数学もまったく異なっているが、電子の運動について、「確率的にしか決められない」という驚くべき同じ結果を出した。

プランクの量子仮説・ボーアの量子条件は、現象を説明するアイデアにすぎなかったが、

・光も電子も(ミクロな粒子は)、粒子的な性質と波動的な性質が混在する(**相補性**)

・ミクロな粒子の位置と運動量は同時に厳密に決めることはできない(**不確定性原理**)

とする考えをもとにすれば、「不連続とびとびのエネルギー準位」は自然な形で説明できることになった。この二つが、量子論(量子力学)の新しい考えである。量子論以外の物理学を(一般相対性理論を含めて)「古典物理学」という。

4・3　星の大きさは何で決まるか

太陽が燃えるしくみは何か

さて、星の話に戻そう。

よく科学館に寄せられる質問の一つに「酸素がない宇宙で太陽が燃えているのはなぜですか」という疑問があるという。

太陽系の起源は約50億年前と考えられている。物理学が揃い始めた19世紀末、太陽のエネルギー源は何か、という大問題が解けずにいた。（当時、太陽の年齢は3億年以上ということしかわかっていなかったが）単純に化学反応で説明するには寿命が長すぎていたのだ。

決定的な理論となったのは、アインシュタインが発見した質量公式（図11、61ページ）である。この式から、天文学者エディントンは、太陽の出すエネルギー源は太陽内部での水素からヘリウムへの核融合である可能性を指摘している（20年）。その後、25年には太陽が水素で満たされていることが判明した。30年代にチャンドラセカールとベーテによって核融合の理論が進むと、太陽のエネルギー源が核融合反応であることがようやく明らかになる。

先の質問に対する回答は、太陽は核融合反応という物理的な結合エネルギーの組み替えで発生するエネルギーを放射しているから、となる。化学的燃焼とは違うので酸素は不要なのだ。

星の大きさを決める二つの要素

星はエネルギーを外に向かって放射するので、外向きの力（放射圧による力）を持つ。普段電気の光が当たっても我々には何も感じないが、星のような巨大な光源では大量のガスを押し出す力になっている。同時に、ガスは質量があるのでその重力で内向きの力を持つ。星の大きさは、この二つの力がつりあうところで決まる。つまり、放射圧による力と重力がつり合うところまでガスが充満し、その大きさを我々は星として観測することになる。

水素が核融合してヘリウムになる際には、その結合エネルギーの差の分だけ、質量公式で与えられるエネルギーを熱放射する。星は、したがって少し軽くなる。太陽などの恒星は身を削って光り輝いているのだ。燃えれば燃えるほど太陽は軽くなり、重力が弱くなる。太陽自身の大きさは、したがって徐々に膨れ上がることになる。太陽は１００億年分燃焼を続けるだけの水素を有していて、今はおよそ50億歳である。もし、燃焼できる水素が尽きてしまったら、太陽は地球軌道に近いくらいに膨張して、赤色巨星になる。しかし、その後はどうなるのだろうか。この「星の最期」の問題は、長らく天文学者を悩ませることになる。

ヘルツシュプルング・ラッセル図

話を少し戻して、まだ星の燃焼エネルギーが未解決だった１９１０年代に戻ろう。アインシュタインが一般相対性理論の構築に取り組んでいた頃、天文学でもその後の大きな進展のきっかけを与える発見が報告されていた。

太陽の光をプリズムに通すと、虹のようにさまざまな色が出現する。これはもともといろいろな色の光が合わさっている太陽の光が、分解されて見えるからである。物理的には光の色は振動数の違いであり、プリズムによる屈折角が光の振動数で微妙に異なることが原因である（虹が見える原理も同じである。空気中を漂う水滴による屈折角が、振動数ごとに異なる現象である）。天文学者たちは、この原理を用いて望遠鏡で受け取った星の光を分光器と呼ばれる装置を通すことによって、光の振動数ごとの細かな特徴を分析し始めていた。この分光測定では、星のスペクトル線を調べることにより、その星の成分や星の動きを知ることができる。

アメリカのハーバード天文台のグループは、人海戦術で多くの星の分光測定を行い、星を特徴づけるスペクトルを強さと吸収スペクトル線をもとに、いくつかの種類に分類した。最も明るい星をO型とし、最も暗い星をM型と呼んだ。もともとはA型B型……とアルファベット順に分類していったが、分類後に星の温度順に並べると、O・B・A・F・G・K・Mの順の型として残った、というのが由来である（ハーバード分類と呼ばれている。覚え方は、Oh be a fine girl, kiss me である。現在ではM型よりも暗い星として、L型とT型の分類が付加されている）。

ラッセルは、星の温度（型）を横軸として、縦軸に星の明るさ（実視絶対等級）をとって星の分布を調べると、ほとんどの星が狭い領域に並ぶことを発見した。現在、ヘルツシュプルング・ラッセル図（HR図）と呼ばれている図である（図24。長らくラッセル図と呼ばれていたが、それより前にヘルツシュプルングが同様の図を作成していたことがわかり、現在ではHR図と呼ばれている）。ラッセルは図の中で一列に並ぶ星たちを主系列星と呼んだ。この図の中で太陽は中心にある。我々の太陽は宇宙の中で、非常に典型的な主系列星だと言える。また、HR図上で主系列にならない星のグループも存在した。ラッセルは主系列よりも上に図上で一直線に水平に並ぶ星のグループが太陽の10倍から100倍の大きさをもつことから、ヘルツシュプルングにしたがって「巨星（giant）」と呼び、主系列星の星を「矮星（dwarf）」と呼んだ。dwarf とは小人という意味である。

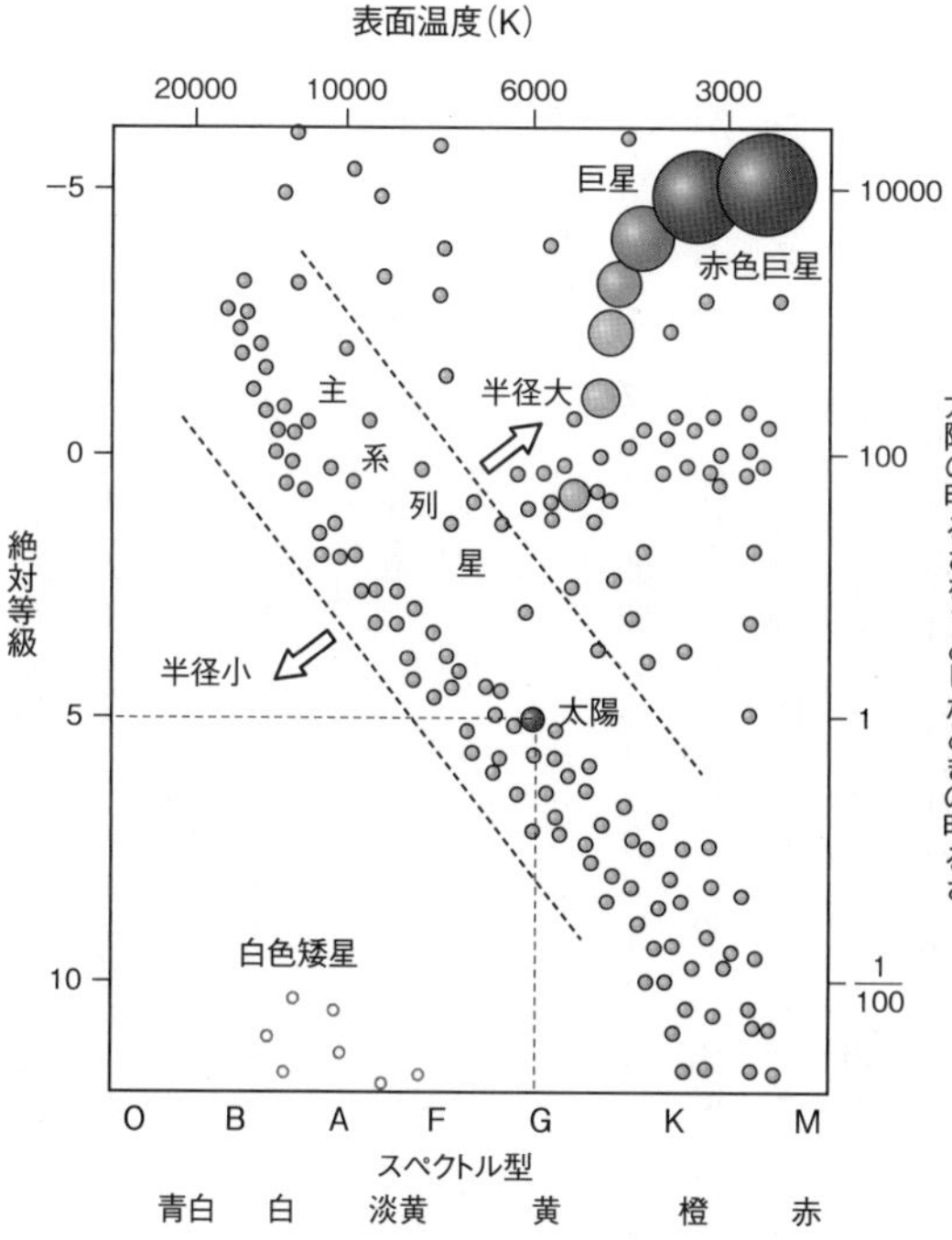

図24　ヘルツシュプルング・ラッセル図（HR図）　横軸は星の色（表面温度）、縦軸は星の明るさ（絶対等級）で星の分布を示した図。左上から右下にかけて多くの星が列をなしており、これらを主系列星という。太陽は主系列星の中心にあり、典型的な星であることがわかる。高密度だが暗い白色矮星は、主系列星の下側に分布している。

ラッセルがHR図を発表したのは、13年6月だった。横軸の星の色は、すなわち星の表面温度を示している。縦軸の星の絶対等級は、星の大きさに比例する。HR図には星の進化の過程を紐解《ひもと》く鍵がいくつも隠されていた。そして主系列星からの例外も報告されていた。巨星の反対側には、一例だけエリダヌス座o^2の伴星Bが白色で暗い星として分類できないことをラッセルは報告していた。この星が後に白色矮星(white dwarf)と呼ばれる星の第一例だった。

4・4　白色矮星の謎

白色矮星の密度

おおいぬ座のシリウスは、地球から8・6光年先にあって全天で最も明るく見える夜空の恒星だが、その周りには伴星（シリウスB）があり、50年かけてシリウスの周りを公転している。シリウスBは、白色矮星の2例目の発見である。その運動の様子から、1914年、アメリカの天文学者アダムスによって、とんでもない観測結果が報告された。シリウスBの質量は太陽の0・85倍で半径は1万8000㎞（したがって密度は、1立方㎝あたり6万1000グラム）（現在の観測値では、もっと密度が大きい。シリウスBの質量は太陽の0・98倍で半径は5600㎞、したがって密度は1立方㎝あたり400万グラムになる）、太陽の密度は1立方㎝あたり1・4グラムなのでまったく桁違いである。太陽ほどの質量が、太陽の100分の1の大きさ（地球ほどの大きさ）に詰め込まれている、というのだ。この結果に対して、エディントンは、26年に著した本『The Internal Constitution of the Stars（星の内部構造）』の中で、「ばかげている（absurd）」と結論している。

エディントン著『星の内部構造』

エディントンの『星の内部構造』は、その後、星のモデルで貢献したチャンドラセカールに大きく影響を与えたことでも有名である。エディントンは、当時の白色矮星の構造モデルと、それから帰結される厄介なパラドックスについて書いている。

当時の天文学者たちは、白色矮星を内側から支える力は、熱による原子の運動だと考えていた。高い熱だと原子は速く運動し、大きな圧力を与える。膨らんだ風船をお湯につけるとさらに膨らむのと同じ原理である。熱を放射すると星はエネルギーを失うので、温度が下がるが、そうなると重力が強くなるので星は圧縮され、圧縮された星は温度を上げて放射を続けることになる。つまり、白色矮星は徐々に半径を小さくしながら燃え続けている、というモデルである。星の最後の段階の産物だと考えていた。

しかし、このまま白色矮星が燃焼を続けていったら最後はどうなるのだろうか。このモデルでは、天体が限りなく収縮することになってしまうが、どこまで小さくなるのだろうか。エディントンは、無限小に星が潰れるモデルなどあり得ないと毛嫌いした。彼は、最終的には星を支えるのは別の力——岩石のような原子の結晶構造からもたらされる斥力——だろうと考えた。しかし、岩石の密度は白色矮星の密度よりもはるかに小さく矛盾する。そして著書では次のように記している。

星が燃え尽きた後、再び岩石になるには、重力に反して膨張しなければならない。シリウスの場合は10倍の膨張が必要である。（中略）絶えず冷却しながらも、冷却するにはエネルギーが十分でない物質なんてあるのだろうか！　これはとても奇妙な問題で、実際に何が起きているのかいろいろな解決案が考えられるだろう。だから致命的な問題ではないと考え、本書ではこれ以上深入りしないことにする。

4・5　チャンドラセカールの闘い

若きチャンドラセカールの登場

白色矮星の内部についての問題を解決したのは、インドの青年チャンドラセカールである。数学に非凡な才能をもつチャンドラは（以後、本書では学者間の呼び名であるチャンドラとする）、南インドのマドラス大学に15歳で入学した。1925年のことである。大学3年次に理論物理を専攻するようになり、チャンドラはエディントンの書『星の内部構造』やゾンマーフェルトの書『原子構造とスペクトル線』に出会う。これらの本から、チャンドラは、星の内部構造で未解決の問題があることや、誕生しつつある量子力学について学んだという。

偶然にも28年、ゾンマーフェルトがマドラス大学を訪れた。個人的に知り合いになりたいと思ったチャンドラはホテルを訪ね、ゾンマーフェルトから教科書に書かれていない量子力学の進展を教わり、帰り際にはゾンマーフェルトが書き終えたばかりの論文の校正刷りを手渡された。その論文には電子ガス（金属の内部を想定して、電子が密に詰まった状態）の量子状態が議論されていて、圧縮されたときの電子には互いに斥力が生じることが書かれていた。

興味を持ったチャンドラは、関係する論文を図書館で探すうちに、ファウラーの『高密度物質について』と題された論文に出会う。そこには、エディントンが謎としていた、白色矮星を支える力について、量子力学を用いた計算が報告されていた。

ファウラーは、前年に提案されたパウリの排他律から導かれる**縮退圧**《しゅくたいあつ》（次項参照）という考え方を使って、白色矮星の内部を考察していた。そして、高密度に圧縮された状態では、電子が互いに反発する力を持つようになり、その力で星を支える斥力になり得るだろう、と結論していた。エディントンが教科書を執筆したときにはなかった物理学を用いて、白色矮星の成り立ちを推測していたのである。

電子の縮退圧

ここで、少し量子論から出てくる帰結について補足しておこう。１９２５年に基礎方程式が完成した量子力学は、水素原子の構造を説明することができたボーアのモデルから大きく進展し、複雑な原子や分子の構造解明に役立っていた。その中で、白色矮星に関わってくる重要なキーワードは「電子縮退」あるいは「フェルミ縮退」と呼ばれるものである。

４・２節では、電子の軌道半径はとびとびに決まっていて（ボーアの水素原子模型）、その軌道の数は量子数という整数で表され（ゾンマーフェルトの量子数）、しかもそれぞれの軌道に入れる電子の数は二つまでと決まっている（パウリの排他律）ことを紹介した。電子の軌道は内側の軌道が最もエネルギー的に低い。自然現象はいずれもエネルギーが解放される方向へ（エネルギーが低い方向へ）反応が進むため、電子の軌道も内側からパウリの排他律にしたがって充填されていくことになる。

エネルギーを低くしていく（温度を下げる）ことを考えよう。エネルギーが下がっていくと電子は取りうる内側の軌道へと遷移するが、内側が充填されてしまうと、それより下のエネルギーレベルには下がらない。つまり、周囲の温度が下がってたとえゼロになってしまっても、電子はごくわずかだがエネルギーを持ち得ることになる。これが**ゼロ点エネルギー**と呼ばれるもので、量子力学から導かれる結論の一つである。光も電子も、粒子性と波動性の両方の性質を併せ持つ、という結論も量子力学の柱であったが、このような極限の電子には波動的な性質がよく現れて、最小限の振動モードが見えてくると考えてもよい。

こんどは、金属内や星の内部などで、たくさんの電子を閉じ込めて、エネルギーを低くしていくことを考えよう。エネルギーが下がる（温度が下がる）と、電子は運動の勢いを失って次第に狭い空間に押し込められていくようになる。しかし、この場合もパウリの排他律によって、あるいはゼロ点エネルギーの存在によって、電子ガスはある温度以下には下がらない状態になる。電子の波動性が現れると、電子同士がこれ以上は縮まないようになり、外部から見ると、圧力をもって押し返しているような状態になる。これが電子の**縮退圧**である。

重くて小さい(密度が高い)白色矮星が燃料を使い果たしたときの状態はまさにこのような状態になるはずだ。白色矮星は電子の縮退圧で支えているのではないか、というのがファウラーの予想であった。

イギリスへ向かう船上での大発見

チャンドラは、新しい統計性を導く量子力学に魅了された。チャンドラはゾンマーフェルトに刺激を受けた問題を含めて大学生の間に5本の論文を投稿し、出版されている。会ったことのないファウラーに自分の論文原稿を郵送し、当時は王立天文学協会の会員(フェロー)の提議がないと掲載されない王立天文学協会月報への論文掲載を打診したりもした(ファウラーの助言に、十分な回答を加えた論文は、「重要論文」として掲載されることになった)。

こうして、1930年に19歳で大学を卒業したチャンドラは、インド政府からの特別奨学金を得て、ファウラーとエディントンのいるイギリス・ケンブリッジへと旅立つことになる。

7月のはじめにボンベイを出発したジェノバ行きの蒸気船に乗り込んだ彼は、卒業までに慌ただしくて手がつけられなかった白色矮星の問題に取り組むことにした。

ファウラーの論文には、白色矮星を支える力が、量子力学的なものではないか、というコメントがあったが、厳密に計算されてはいなかった。星を支える力として縮退圧と重力のつり合いを扱っていなかったし、星の内部がどのような密度分布になるのかを示していなかった。チャンドラはまず、ファウラーの理論から白色矮星の（シリウスBの）中心密度が1立方cmあたり100万グラムであることを計算し、次にこのような値を出すような物質の状態方程式（圧力と密度の関係式）を出すことにした。チャンドラはすぐに、電子ガスの状態方程式は密度が1％上昇すると圧力が1・667％上昇することを見出した。

この結果をエディントンの本にあった公式に当てはめてシリウスBの内側の密度分布を計算すると、中心では密度が1立方cmあたり36万グラムで、縮退した電子の速さは光速の57％という値が得られた。

ファウラーは中心圧力を1立方cmあたり10万グラムと仮定していたので、大きな違いである。しかも、光速の57％の運動ということは、相対性理論が絡んでくる領域でもある。チャンドラは、この議論は相対性理論の効果も含めて計算しなければいけないと気がついた。量子力学だけを使うと、圧縮されて狭い領域に閉じ込められた電子は、波動性が顕著に現れて縮退運動のエネルギーが増していく。しかし、相対性理論の効果を取り入れると、光速に近くなるにしたがって慣性が増え、質量が増加したような効果が生じて速度の増加は抑えられる。こうして状態方程式を導くと、こんどは、密度が１％上昇すると圧力が１・３３％上昇する関係になることを見出した。そして、再び星の質量を計算すると、驚くべきことに、白色矮星の質量には上限が存在し、太陽質量の１・４倍以上のものはあり得ない結果になった。電子が支えることができる星の質量には限界があったのである。

チャンドラはこの結果を航海が終わるまでに２本の論文にまとめた。１本目はシリウスＢのような白色矮星の構造についての内容で、２本目は「太陽質量の１・４倍を超える白色矮星は存在しない」という内容だった。チャンドラが得たこの値（太陽質量の１・４倍）は、今日ではチャンドラセカール限界と呼ばれている。この値は物理学史上で初めて特殊相対性理論と量子力学の融合で得られたもの、とされている。この質量の表現には、光速c、万有引力定数Gとプランク定数hの三つの基本定数が登場しているからだ。

しかし、白色矮星の質量に上限が存在する理論は、天文学の大御所であるエディントンに徹底的に非難され、天文学者たちに認められるまでに数十年を要することになった。チャンドラはこの業績でノーベル賞を受賞することになるが、授賞されるのはチャンドラが73歳のとき（1983年）である。エディントンの攻撃が始まったのは、1935年1月11日の王立天文学会の会場だった。その運命の日に至る話を次にしよう。

運命の日　1935年1月11日

チャンドラは8月半ばにケンブリッジに着いた。チャンドラは2本の論文をファウラーに見せたが、ファウラーは1本目のシリウスBの論文については出版を勧めてくれたものの、チャンドラが重要性は高いと確信していた2本目の白色矮星の上限値については無関心だった。数ヶ月論文が放置されたため、チャンドラは自らアメリカ天文学会誌に投稿した。論文は受理されるが、掲載されたのは翌年の3月だった。しかし、天文学者は誰もこの研究に注目してくれず、チャンドラは博士論文のテーマをもう少し受け入れられやすい回転する星の研究にすることにした。

チャンドラは3年後の33年に学位を取り、引き続きケンブリッジに研究員として残った。この頃、同僚から、チャンドラの出した白色矮星の最大値は、もっと現実的な星のモデルで示さないと誰も信用しないだろう、と聞かされる。確かに、それまでチャンドラは、状態方程式が、非相対論的なときと、相対論的なときの両極端の場合について最大質量を解析していたが、その中間の値については算出していなかった。ちょうど前年に、二つの両極端を結ぶ状態方程式の論文がアメリカの研究者によって出されていたが、この式を用いて星の内部構造を計算するには、紙と鉛筆では不可能で、計算機が必要だった。

当時の計算機は、手回し式の「掛け算マシン」である。高価なもので、所有しているのはエディントンだけだった。チャンドラは、エディントンから計算機を借り出して、地道で長い計算を続けた。エディントンは時折チャンドラのもとを訪れて研究の進展具合を確認していたという。

10以上の白色矮星モデルを試みた結果、すべての場合で、白色矮星の質量は、チャンドラの予想通り太陽質量の1・4倍以下であることが確かめられた。チャンドラは自信を持って、この結果を王立天文学協会で発表することにした。それが、35年1月11日であり、チャンドラにとって運命の日となった。

王立天文学協会での発表は、一人15分の持ち時間で論文を読み上げることになっていた。前日に発表されたプログラムでは、チャンドラは30分の割り当てがされていた。しかし、不気味なことにその直後にエディントンが『相対論的縮退』というタイトルで15分話すことが判明する。チャンドラの仕事に関係するタイトルだが、彼にとってはまったく初耳だった。エディントンはチャンドラの研究内容を熟知していたにもかかわらず、自分の研究についてはまったく隠し通していたのである。天文学の大御所だったエディントンは、他の人の研究で気に入らないものがあると、徹底的に糾弾することでも有名だった。不安を感じたチャンドラは、当日の発表前にエディントンに会って彼のタイトルの意味を尋ねたが、エディントンは「君は驚くだろうね」と一言だけ返したという。

チャンドラは、不安を抱きながらも白色矮星に最大質量が存在することを強調して自分の発表を終えた。自分自身で、非の打ち所のない発表だったと回想している。図25（132ページ）は、チャンドラが描いたグラフをもとにしたものだ。星の半径と質量が与えられれば、このグラフのどこか一点に対応する。星が燃え尽きて収縮するときはグラフの右から左へと移動する。電子の縮退圧で重力を支えることができればグラフ中の移動は止まって、そこが白色矮星になる。チャンドラが示したのは、白色矮星の質量には上限があるので、大きな質量の星は白色矮星にならない、ということだ。

会場からの拍手の後、エディントンの講演が始まった。驚くことに、エディントンはチャンドラの仕事を真っ向から否定し始めた。彼にとって気に入らなかったのは、白色矮星の質

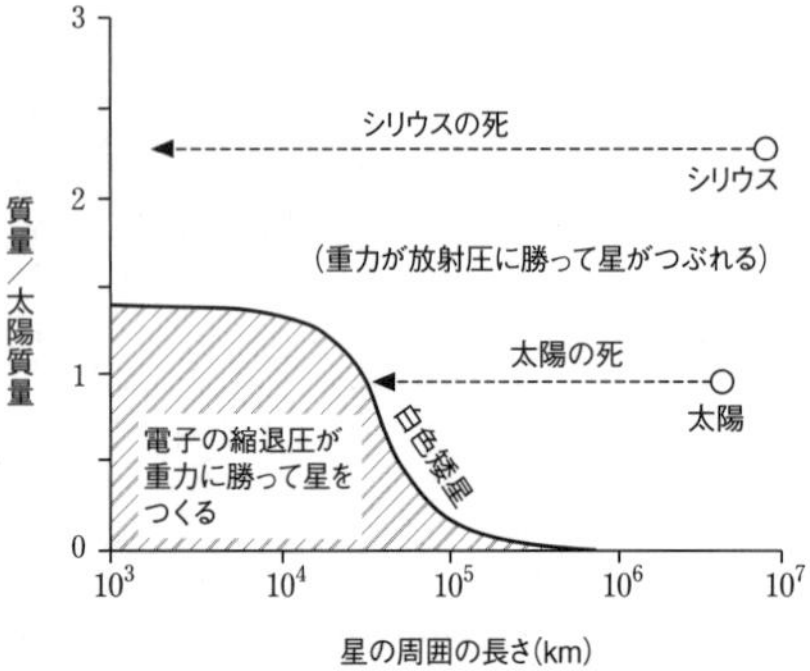

図25　横軸に星の周囲の長さ、縦軸に星の質量（太陽の何倍か）を表した図（チャンドラセカールの考え）。燃え尽きた星は、重力によって縮み始める。図では右から左へと移動してゆくことになる。斜線部分は、電子の縮退圧で重力を支える白色矮星となる領域。チャンドラは、白色矮星の質量には上限（太陽質量の1.4倍）があることを発見した。上限値を超えている星は、そのまま収縮を続けることになる。

量に上限値が存在すると、それより大きな星の運命が説明できないという点だった。電子の縮退圧で星の重力を支えられる可能性があるというファウラーの予想は評価しつつも、その計算に相対論効果を取り入れたチャンドラの仕事は間違っていると断じたのである。エディントンは「星がこのような不合理な振る舞いをするはずがない」と述べ、チャンドラが行った「特殊相対性理論と量子力学の不適当な組み合わせから出された結果は信用できない」「相対論的縮退など存在しない」とコメントした。さらに聴衆が喜ぶように、「この結論（落とし子）は、合法的な婚姻から生まれたものではない」と冗談めかして言葉を添えた。

チャンドラにしてみれば、まったくの筋違いの言いがかりだったのだが、司会者はその場での質疑応答を認めなかった。会議終了後には、会場の誰もがチャンドラに対し、お気の毒さま、といった雰囲気になってしまった。天文学を取り仕切る大ボスだった52歳のフェローが24歳の青年を打ちのめしたのである。

歴史的に検証すれば、エディントンの攻撃は、彼自身が構築中だった理論と相対論的縮退が矛盾することから生じた個人的なものだったとされている。エディントンは、アインシュタインの相対性理論をいち早く英語圏に紹介し、アフリカに遠征して一般相対性理論を皆既日食を使って証明した人物である。星の燃焼モデルに、特殊相対性理論の結論である核融合による質量エネルギーの放出を言い出した人物でもある。自身の著『星の内部構造』でも、星が永久に収縮する可能性について（否定的にだが）言及していた。だから、相対性理論と量子力学を融合させて議論することに最も近かったはずである。非合法な婚姻などとまで非難する筋ではまったくない。

チャンドラは、直ちに多くの研究者に、物理的な議論の面からのコメントを求めたが、直接の協力者は現れなかった。チャンドラが相談した海の向こうのローゼンフェルトもボーアもエディントンの誤りを見抜いていたが、同情するばかりだった。しかし、この後、エディントンは次々と、チャンドラの理論を否定する「標準理論」の論文を量産し始める。彼の理論は、パウリの排他律を捻《ね》じ曲げ、ディラックの理論を独自の流儀で相対論化するなど、狂気とも思えるものに変貌していった。

ファウラーもディラックもパウリも、チャンドラに同情したが、表には出てくれなかった。チャンドラの支持者はイギリス国内には現れず、彼は孤独になる。父親には「インド人ゆえの偏見を受けている」と手紙に記している。ディラックが、チャンドラを擁護する論文（エディントンの理論を否定する論文）を出したのは、42年になってからのことである。

これまでにチャンドラの導いた最大質量を超える白色矮星は発見されていない。一連の誤った「標準理論」でエディントンは晩節を汚した。

悪意とも取れるエディントンの攻撃は、若くて才能のあるチャンドラの意欲を削《そ》いだ。チャンドラは白色矮星の研究からテーマを変え、チャンドラの発見は長い間忘れ去られることになった。チャンドラはその後の研究でも、ほぼ一人で論文を書き続け、10年ごとにまとめの本を著してテーマを変えていくスタイルを貫いた。チャンドラはアインシュタインと同じように、研究者としては孤独だった。もし、エディントンがチャンドラの結論を素直に受け取っていれば、エディントン自身が「星の崩壊の帰結としてのブラックホール形成」という結論に他の誰よりも早くたどりついただろう、とチャンドラは回想している。

４・６　中性子の発見と中性子星のアイデア

チャンドラは、白色矮星の質量に上限があることを示したが、その値（太陽質量の１・４倍）を上回る星はたくさんある。例えばシリウスＢの親星であるシリウスＡの質量は太陽質量の２・１４倍と見積もられている。シリウスＡは燃え尽きた後は縮み始めるが、電子の縮退圧で支えきれず、さらに小さくなっていくはずだ。読者は、このままブラックホールが形成されると期待するかもしれないが、まだそれは先の話である。この節では、その次に相対性理論が関わることになった中性子星の話をしよう。

中性子の発見

電気的にプラスの陽子とマイナスの電子の存在は古くからわかっていたが、中性子の発見はかなり遅い。中性子は電荷を持たないために実験で見つけることが難しかったからだ。中性子の存在は、１９２０年にラザフォードによって示唆されたのがはじめである。当時、多くの物理学者は、原子の構造を電子と、電子の2000倍の質量を持つ陽子が電気的に結びついているものと考え、(一部の電子は原子核にも存在して)陽子の数は飛び回る電子の2倍存在すると考えていた。しかし、ラザフォードは、中性子があると実験と整合性がとれると考えた(「中性子」という呼び名は、21年にケンブリッジ・キャヴェンディッシュ研究所のグループが使い始めた)。ラザフォードの予想は、(a)原子核には陽子と同じ数の中性子がある、(b)中性子の質量は陽子と同じくらいで電荷はゼロ、(c)原子核内では陽子と中性子は未知の力で結びついている、(d)中性子は電気的な反応を起こさないので自由に物質中を通過することができるために実験での検出は難しいだろう、というものだった。

10年以上経って、32年にキャヴェンディッシュのチャドウィックが、予想通りの中性子を発見した。ラザフォードの予想は、いずれも正しく、原子核内ではたらいている「未知の力」は、現在では核力(あるいは強い力)と呼ばれている。物理学者は、自然界に存在する力は、全部で四つであると考えているが、そのうちの一つの力である(他の三つの力は、重力、電磁気力、そして弱い核力〈弱い力〉である)。

ツヴィッキーとランダウ

中性子発見のニュースは、広く伝えられた。このニュースに接して、中性子からできる星を考えた人物がアメリカとソビエトにいた。まったく境遇も性格も研究スタイルも異なる二人である。

アメリカ・カリフォルニア工科大（カルテク）の天文学者ツヴィッキーは、バーデと共に、超新星の謎に挑んでいた。超新星は、いきなり夜空に現れ、１ヶ月ほどの間とても明るく輝いた後、次第に暗くなっていく新星である。我々の天の川以外の銀河系で出現しても、それとわかるほど莫大なエネルギーを放出する。瞬間的に太陽の１００億倍も明るく輝く星の大爆発である。超新星（supernova）という名前をつけたのはツヴィッキーである。１９３１年当時、超新星らしい天体があった（まだ、確実に超新星とは言い切れない例だった）。

ツヴィッキーは、変わり者で自己顕示欲が強く、自分以外は間違っているという態度のことが多かった。新しいアイデアを持ち込む研究者だったが、計算の見積もりが甘いこともあり、物理学者たちは彼の話を半信半疑で聞いていた。当時、ツヴィッキーは同じくドイツ語を母国語とするバーデと良好な関係だった。バーデは観測天文に関して博識で、ツヴィッキーの百科事典的存在だった。二人が超新星爆発の原因を考えていたとき、チャドウィックによって中性子が発見されたことが大々的に報道される。ツヴィッキーは中性子の話に飛びついて、中性子星というアイデアを出す。星が冷えて小さく収縮すれば、電子と陽子が合体して電荷がゼロの中性子ができるはずである。中性子の塊が星の中心にできれば、重力の影響でその塊はもとの質量から10％ほど小さくなるだろう。そのエネルギーは爆発となって超新星として見えるのだ。

シナリオとしてはよくできているが、これらをサポートする根拠は乏しかった。ツヴィッキーはさらに、当時は不明だった宇宙線（宇宙から飛んでくる粒子）の起源についても、超新星爆発で作られる、と夢想した。ツヴィッキーとバーデは、これらのアイデアを33年に発表する。中性子星という考えが理論的に成り立つことが示されるのはこの6年後であり、中性子星が発見されるのは30年後の話である。二人のアイデアは、今でこそほぼ正しい描像であることがわかっているが、二人の論理は飛躍しており、彼らのアイデアに飛びついてくる同僚は出てこなかった。

一方、ソビエトのランダウは、若い頃から優秀な理論物理学者だった。レニングラード大学で19歳で学位を取得した後、ヨーロッパの各研究所を1年半武者修行をして回った。ランダウは他の人の論文を血眼《ちまなこ》になって読むタイプではなく、着想を聞いて自分で計算し、自分の計算結果が論文と一致していることを確かめるスタイルだった、と言われている。彼の優秀さは、ヨーロッパ中に知れ渡った。しかし、31年にソビエトに帰った直後、スターリンによる政治弾圧が始まり、ソビエトと海外諸国は断絶され、体制を維持するために、政治家だけではなく多くの市民が刑務所に連行されたり処刑される粛清が始められた。科学者も例外ではなく、ランダウは自分が連行されるのを防ぐために、国内外に大きなニュースとなる研究を行って、国内に広くアピールしようと考えていた。

ランダウは、星の燃焼モデルとして核融合モデルがあることを知っていた。だが、当時、核融合が本当にメカニズムとしてはたらくのかどうかは不明だった。ランダウは、中性子の塊（中性子コア）が太陽の中心にあって、それが核融合を引き起こすというモデルを考える。中性子コアはものすごく重力が強く、表面が硬くなるはずなので、引き寄せられた原子が高速で中性子コアに衝突する。運動エネルギーが熱エネルギーに変換するしくみがここにある、というモデルである。37年の暮れ、彼はロシア語と英語で論文を書き、ボーアに英語版を送付してイギリスの学術誌『ネイチャー』に投稿を依頼した。ランダウの論文は翌年2月に『ネイチャー』誌に掲載される（後にこのモデルでは太陽が説明できないことが示される）。だが、このような努力も届かず、ランダウは4月になって、ナチス・ドイツのスパイ容疑という名目で収監された。病気で衰弱して釈放されたのは1年後であり、その後は液体ヘリウムの超流動研究を行うが、62年には交通事故で瀕死《ひんし》の重傷となる。その年にノーベル賞を受賞したものの、物理学には復帰できずに死去した。

トールマン・オッペンハイマー・ヴォルコフ限界

ツヴィッキーと同じカルテクには、原子核と相対性理論に精通したトールマンとオッペンハイマーがいた。彼らは、ツヴィッキーが中性子星のモデルを宣伝しているときにはまったく無視したものの、ランダウの『ネイチャー』論文にはすぐに興味を持って、大学院生と中性子コアの研究を始めた。オッペンハイマーは、カリフォルニア州立大バークレー校を本拠地にして、大学院生をたくさん持っていたので、興味ある研究テーマを院生一人ずつに分担させて研究を進めるスタイルだった。

オッペンハイマーは、中性子コア（中性子星）の「最大」質量問題に気がついた。チャンドラが出した白色矮星の最大質量を超える星が崩壊したとき、中性子星として支えることができるのかどうか、という問題に行き着いたのだ。彼は大学院生ヴォルコフと共に研究を開始する。研究の方針はチャンドラが電子の縮退圧を使って星を導いたときと同様だが、電子の代わりに中性子の縮退圧を考え、さらに、強い重力のために一般相対性理論の式を使う必要があった。現在でも高密度な原子核の状態方程式はわかっておらず論争中である。30年代の終わりでは、まだまだ未確定の要素がたくさんあった。そこで、オッペンハイマーは、核力のない場合の中性子星モデルをヴォルコフに計算させた。紙と鉛筆ではどうしても解けない方程式だったので、チャンドラと同様に、ヴォルコフは手回し式計算機を2ヶ月間回し続けた。その頃、トールマンも同じ問題に挑んでおり、極端な状態方程式を考えることで中性子星の議論ができることに気がつく。この3人は共同で結論を出し、『フィジカル・レビュー』誌は同じ39年2月15日号に論文を続けて掲載した。中性子星の質量には最大値が存在し、それは太陽の質量の0・5倍から数倍の間にある、というのである。3人の頭文字をとって、一般相対性理論で星を議論する方程式をTOV方程式、彼らの見出した中性子星の最大質量をTOV限界と呼ぶ。

現在までに発見されている中性子星の質量は、太陽質量の2倍のものが最大である。ほとんどの中性子星は、太陽質量の1・4倍程度のものだったので、そのような状態方程式が標準になっていたが、2010年に太陽質量の2倍のものが発見されて、原子核の研究者間では状態方程式の見直しが進んでいる。

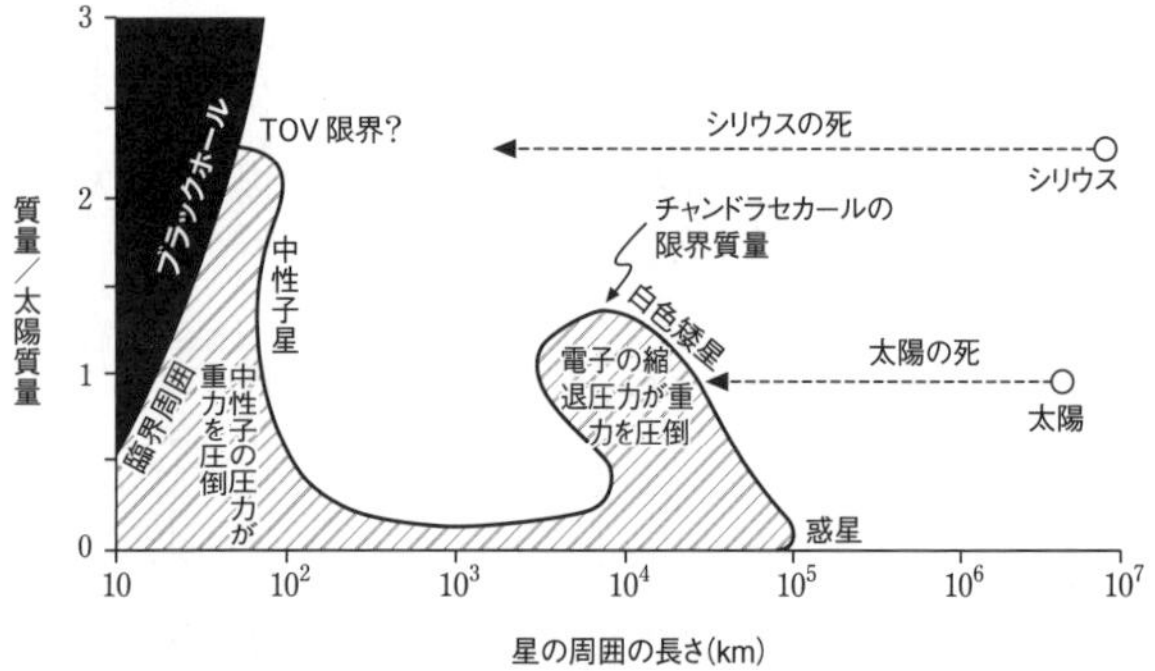

図26　図25と同じだが、現代での理解図　図25よりも小さなスケールまで描いたもの。チャンドラセカール限界よりも大きな星は、中性子の縮退圧で支えられて中性子星となる可能性があるが、中性子星にも上限があることがわかった。TOV限界（太陽質量の２倍？）以上の質量の星は、そのまま重力崩壊を続けることになる。

ＴＯＶ限界の値は、詳細まではわからないが、限界値があることは確かなようだ。チャンドラの結論と合わせると、星の最期の運命は次のようになる（図26）。

燃料を使い尽くした星は冷え始めて収縮を始める。はじめの質量が太陽の１・４倍以下であれば、電子の縮退圧が重力を支える白色矮星となる。それ以上の質量の場合は、さらに収縮され、中性子の縮退圧で重力を支える中性子星となる。

しかし、ＴＯＶ限界以上の質量をもつ星の場合はどうなるのだろうか。おそらくそのまま潰《つぶ》れていくことになるだろう。オッペンハイマーはこれを「爆縮（contraction）」と呼んだ。

重力によって切り捨てられる領域

オッペンハイマーは、続けて、学生スナイダーと、「爆縮解」の時間変化について研究を進めた。本質となるのは重力の作用だと見抜いたオッペンハイマーは、一般相対性理論は完全に使うものの、その他はあり得ないほどの理想化をしたアプローチを取ることにした。いわく、爆縮は完全に球対称で進み（物質は回転せず）、星は一様な密度であって圧力の効果は無視でき、星から外に向かって放出されるものはない、とした。当時の計算機の能力ではこの仮定のもとで計算するのが精一杯だったのだ（回転した星の計算が可能になるのは、80年代に入ってからのことになる）。

オッペンハイマーとスナイダーの計算結果は、星はどんどん潰れていくこと、すなわち、爆縮を妨げるものが何もないことを示していた。

しかし、非常に奇妙な結果も得られた。爆縮する星の表面にいる人は、星と共に重力崩壊して、有限の時間で潰れて最期を迎える。しかし、同じ現象を、星からずっと遠くに離れた人が観測すると、まったく違って見えるのだ。星は中心に向かって潰れてゆくが、ある半径に近づくにつれてその潰れ方はゆっくりスローモーションになってゆく。そしてその動きは次第に止まってしまう、すなわち、遠方にいる人は星が潰れていくことを確認できない、というものだった（図27〔上〕）。現在の研究者はこれは座標系の選び方で現れる違いだと理解できている（この二つの立場の違いを後に超弦理論の研究者サスカインドは「相補性」と呼んだ。4・14節）。しかし当時の研究者にとっては、これほど極端な時間の進み方の相対性が現れるとは受け入れがたいものだった。

今の用語で言えば、二人の計算は「星は重力崩壊してブラックホールになる」ことを初めて予言したことになる。しかし、最後に星が一点にまで潰れるのかどうかが確認できなかったこともあり、論文では、星の崩壊の最後がどうなるのかを議論することを賢明に避け、重力崩壊で崩壊する星の領域が「重力によって切り捨てられる」と表現した。今では、この39年の仕事は大変重要な業績だと認識されているが、当時の多くの物理学者は結果を真剣に受け止めなかった。モデルがあまりに理想化され単純化されすぎていたためである。

ブラックホール天体の理論まであと一歩のところまで進展したが、ここで第二次世界大戦が勃発し、アメリカの理論物理研究は途絶えることになる。ほとんどすべての理論物理学者がロスアラモス研究所に極秘に集められ、マンハッタン計画と呼ばれる原爆製造プロジェク

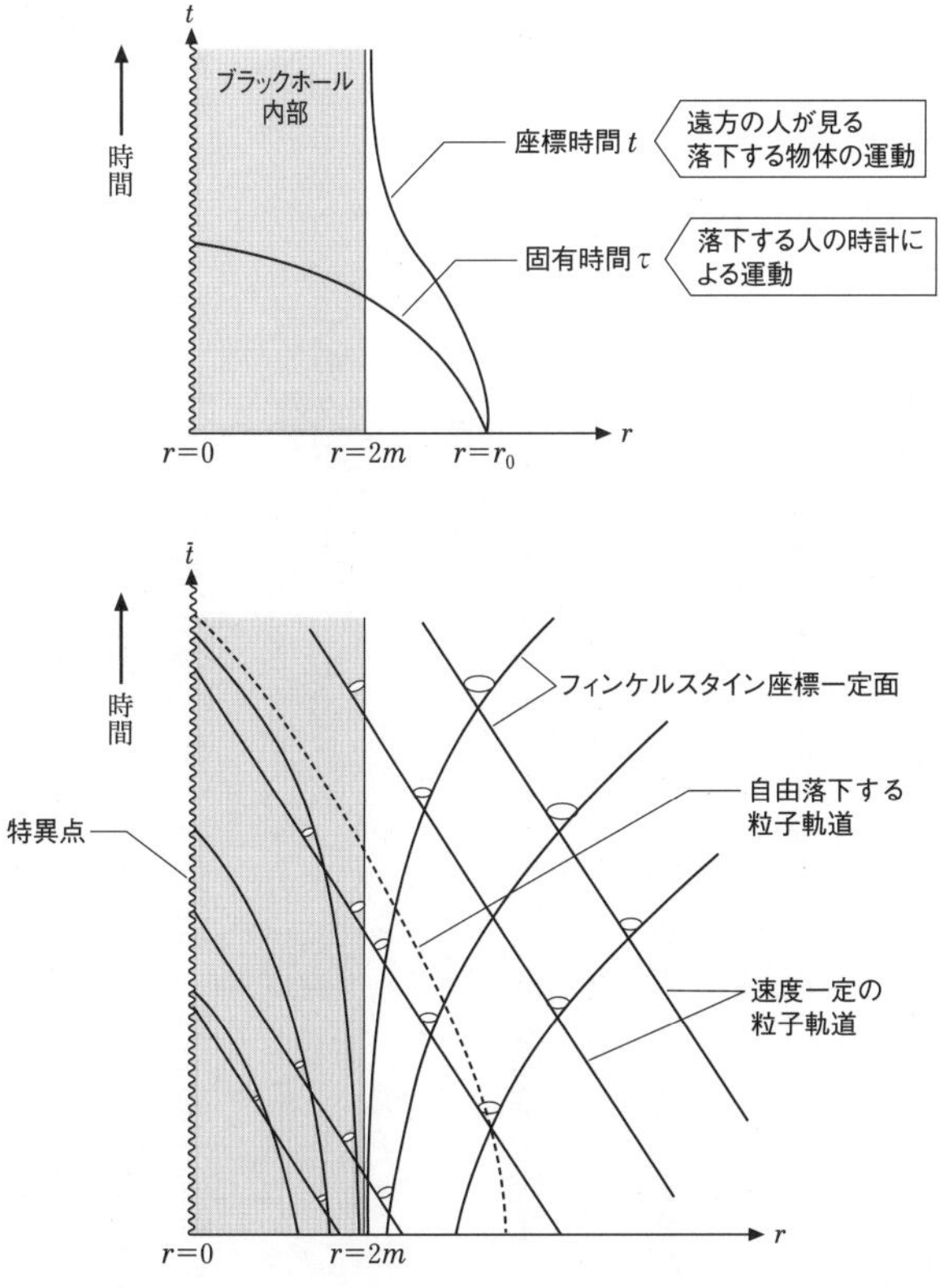

図27　シュヴァルツシルト解の振る舞い　〔上〕もともとの座標で見ると、星が重力崩壊して落ち込んでいく人は有限時間で落下するが、遠方から見ている人にとっては無限の時間が経っても地平面までしか到達しないように見える。〔下〕縦軸と横軸がもとのシュヴァルツシルト座標で、フィンケルスタインの考案した座標は図中の実線。フィンケルスタインの考案した座標を使うと、地平面を通過して扱うことが可能になる。各時刻と位置から光を出した時の円錐も描いてある。

トが始まったからである。オッペンハイマーはプロジェクトのリーダーに指名された。

第二次世界大戦後、ソビエトが原子爆弾製造に成功すると、アメリカは水素爆弾の製造に着手する。ブラックホールに関する研究が再開するのは、水素爆弾の製造プロジェクトに従事したホイーラーが、50年代に重力の研究を始めるまで、20年近く中断した。

4・7 ブラックホールへの拒否反応

熱核反応進化の終着点物質

オッペンハイマーとスナイダーがブラックホールへの重力崩壊を研究していた頃、ホイーラーは量子力学の父ボーアと共に核分裂の研究をしていた。純粋な科学的な興味から、ウラン235とプルトニウム239が核分裂の連鎖反応を最も効果的に引き起こす、という論文を39年の同じ号の『フィジカル・レビュー』誌に著している。その後、オッペンハイマーは原爆開発を、ホイーラーは水爆開発をリードすることになるが、二人は政治上も研究上もよく対立した。

水爆の開発に成功し、自らの研究に戻ることになったホイーラーは、20世紀の二つの物理学を融合するテーマ探しを始める。そして、チャンドラに始まり、オッペンハイマーらの研究で中断していた星の最期の姿についてのテーマに注目した。燃え尽きて冷えていく星はどのような状態方程式にしたがうのだろうか。原子核物理に精通していた彼は、学生のハリソンと共に「熱核反応進化の終着点物質」の研究を進めた。

2・8節で紹介したように、星を燃焼させるエネルギーである核融合反応は、水素がヘリウムを合成する核反応から始まって最後には鉄を合成して終了する。鉄の原子核が最も結合エネルギーが大きく、安定だからだ。したがって、燃え尽きた星は、鉄の塊となり、徐々に冷えてゆく。燃焼していないため、もはや広がる力を持たない星は、どんどん押し潰されてゆく。電子は自分の軌道上には二つしか電子を入れない、とする排他律にしたがうことから、押し潰されたとしても電子の縮退圧で星として支える力が発生する。これがチャンドラが予言した白色矮星である。ハリソンとホイーラーは、そこからさらに押し潰された場合を考えた。自分の縮退圧で支えきれないほどの重力を受けると、(密度が4×10^{11}g/cm³程度付近で)電子は鉄の原子核の中から飛び出した陽子と合体し、電気的に中性な中性子に変化する。星は途端に支える力をなくすので突然「柔らかくなって」潰れ始めるだろう。だが、この段階が進み、中性子が原子核の外側にあふれだすと、こんどは中性子自身の縮退圧が星を支えるほどになるだろう。さらに進むとこんどは原子核が崩壊し、中性子だけの塊となる。これが、オッペンハイマーとヴォルコフの描いた中性子星につながる。

ハリソンとホイーラーは、これまでの白色矮星と中性子星の形成シナリオが連続的に説明できることを示した。ホイーラーは、日本からポスドク研究員として参加した若野省己に、この状態方程式を数値的に解く仕事を担当させた。若野はかつてチャンドラが手回し式計算機で苦労して得たような計算を繰り返すことになったが、当時、プリンストン大には水爆設計用に開発された世界最初のデジタルコンピュータMANIACがあり、若野は1時間ほどで星のモデル一つを計算することができたという。

ホイーラーの拒否反応

ホイーラーは、オッペンハイマーとスナイダーが導いた「星の最期は、重力によって切り離された領域になる」という結論に拒否反応を示していた。星の最期が物理学で予言不可能な領域になることへの拒絶反応は、エディントンがチャンドラに対して持った感情と同じであろう。物理学が破綻するような予測をすること自体、あり得ないことなので、「合理的ではない」と考えたのも無理はない。原子核の状態方程式に携わってきたホイーラーにとって、星の圧力を無視したオッペンハイマーたちの理想化は、あまりにも簡略化されすぎていると感じられたのだろう。

オッペンハイマーは、この仮定のもとで知られている物理学での結論はこうだ、という既知の範囲内での議論を展開したのに対して、ホイーラーは星の最期の特異性が（原子核の蒸発などの）何らかの手段によって解決されるだろうと未来形で議論を展開した。１９５８年頃の会議で、ハリソンと若野が得た結果を発表した際にも、ホイーラーは目の前のオッペンハイマーに、星の最期の姿の見解について異議を申し立てたという。

素粒子理論で業績をあげた物理学者のファインマンは、ホイーラーの学生だった。62年から63年にかけて、ファインマンがカリフォルニア工科大学で行った重力に関する講義録が『ファインマン講義　重力の理論』（岩波書店、１９９９）として手に入るが、当時のファインマンはホイーラーの影響を強く受けていて、星の進化に関する箇所は歯切れが悪い。当時はまだ「ブラックホール」という言葉は生まれていなかったので、この講義録でもシュヴァルツシルト解として紹介されているが、シュヴァルツシルト解の内側の特異性を取り除くために、それまでアインシュタインやホイーラーが考えていた、別の時空との貼り合わせである「ワームホール」構造を支持して長く紹介していたり、現実の物質はシュヴァルツシルト解の特異面（今でいうブラックホール地平面）を通過することはない、と誤って結論している。歴史的に、こうした見解があっても仕方がない時代だった。

4・8 「ブラックホール」の命名

ホイーラーは、しかし、次第に自らの考えを180度変え、オッペンハイマーとスナイダーの結論を支持するようになっていった。63年12月の会議では、完全に支持する講演を行っている。これは、この時期に次々と「ブラックホール」を理論的に信じる状況証拠が出てきたことによる。

爆縮のシミュレーション

証拠の一つめは、オッペンハイマーとスナイダーの簡略化された仮定を少し取り除いた数値シミュレーションが提示され始めたことだ。水素爆弾の設計では、原子核反応で爆発するメカニズムの詳細な計算が必要とされたが、水爆設計が一段落したアメリカでは、研究者たちは、その知識を使って星が爆縮するメカニズムの計算を実施し始めた。カリフォルニア州リバモア研究所では、水爆研究者だったテラーのグループのコルゲートが、ホワイトやメイと共に、詳細な星の爆縮シミュレーションのプログラムを数年かけて開発した。彼らの計算は、星の回転こそ入っていなかったが、物質の圧力や核反応・衝撃波・熱放射などの影響が入っており、格段に現実的なモデルになっていた。まだ、一般相対性理論の時間発展問題について、洗練された定式化がない時代だったが、彼らの結果はオッペンハイマーとスナイダーが結論したものとほとんど同様に星の表面は無限に小さく収縮することを示唆していた。

フィンケルスタイン座標

証拠の二つめは、この時期に、シュヴァルツシルト解が原点以外の半径 $r = 2GM/c^2$ で持っていた特異面を「取り除く」座標が発見されたことである。この特異面は、オッペンハイマーとスナイダーが発見していた「遠方から見ていると永久に越えることができない場所」である。50年代には、リンドラーによって、**地平面**（ホライズン）という粋な名前が付けられ、研究者の間で定着していた。

当時無名だったフィンケルスタインが58年に出した論文は、シュヴァルツシルト解の座標軸を若干変更するアイデアで、地平面の外側と内側を連続的につなぐことができることを示した。普通にシュヴァルツシルト解を利用すると不連続だった地平面が、対数をとって地平面近くから内側を拡大する構造にすると、連続な軸としてつながったのである。この座標系を使うと、星から十分に遠方では静止している座標点になる一方、星の表面では爆縮に沿って中心に向かって落下する座標点になっている（図27〔下〕、145ページ）。そして地平面を普通に超えて中心に向かうことができ、地平面より内側では光の速さでも戻ってこられないことが示されるのだった。星の表面付近では座標が拡大されているため、同じ一歩でも進み方が遅くなる座標である。いつしかこの座標系は「亀座標（tortoise coordinate）」と呼ばれるようになった（後に、エディントンが同様の座標変換を示していたことが再発見され、今では、エディントン・フィンケルスタイン座標と呼ばれている）。

フィンケルスタインの論文は、単に座標の変換式と光の広がる様子が地平面の内側と外側とで定性的に異なることが書かれているだけで、星の話も爆縮の話にも触れられていない。しかし、この座標変換は、星の爆縮の最期の姿が一点に潰れていくことを多くの研究者に確信させ、図28のような描像が研究者間で理解された。また、イギリスのペンローズを刺激し、次の発展につながることになる。

1950年代の終わり頃まで、一般相対性理論は、現実とかけ離れた数学と見なされ、ご

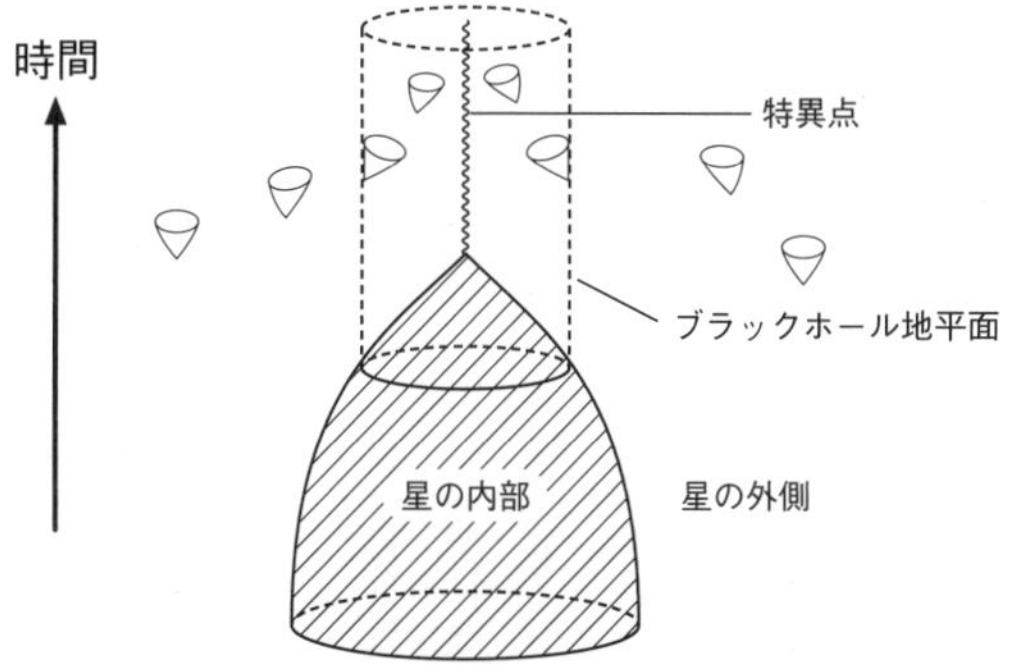

図28　縦軸に時間、横軸に空間（3次元空間のうち2次元分だけ）をとり、星が重力崩壊を起こしてブラックホールになることを表す図。光円錐が外に広がることができない境界がブラックホールの地平面である。フィンケルスタイン座標によって、ブラックホールの成り立ちがこの図のように理解されるようになった。

く少数の研究者だけが細々と研究を続けてきた。その流れが一気に変わるのが、60年代である。6・4節で紹介するが、復活のきっかけとなったのが、57年にノースカロライナ大学チャペルヒル校で開かれた重力に関する国際会議である。この会議をきっかけに、3年ごとに一般相対性理論に関する国際会議が開かれるようになり、研究者が次第に増えていった。

ソーンの回想によれば、彼がカリフォルニア工科大学を卒業し、プリンストン大学院に入学することになった62年に、何を専攻すべきかをカルテクの天文学者に相談したとき、「物理や天文との結びつきがほとんどないので、一般相対性理論だけはやめておくように」と言われたという。しかし、プリンストンのホイーラーの研究室を訪ねたソーンは、直接その場で星の爆縮についての研究の進展の講義を受け、1時間後には相対性理論を研究テーマにすることを決心したという。ソーンは、60年代に始まる相対性理論研究の黄金時代を担う一人となった。

「ブラックホール」

ブラックホールという言葉は、一言聞いただけで正体がわかる秀逸な名前だ。命名されるまでは、「凍結した星」「潰れた星（collapser）」などさまざまに呼ばれていた。

ソーンの記憶によれば、ブラックホールという言葉は、ホイーラーが67年冬の学会で「あたかも他の名前がはじめから存在していなかったように、さりげなく新しい名前を使い始めた」という。ホイーラー自身の回想録では、67年秋にNASAのゴダード宇宙科学研究所で「パルサーの源は何か」という話を依頼されたとき、「重力で完全に潰れた物体（gravitationally completely collapsed object）という言葉を何度も繰り返し使うのは面倒ですね。何かいい言い方があるといいのですが」と話したところ、聴衆の誰かが「ブラックホールはどうですか」と声をあげたのだ、という。ホイーラー自身何ヶ月も探し求めていた言葉が実にフィットした瞬間だったそうだ（パルサーの源はその後、ブラックホールではなく、中性子星であることが判明する。6・6節参照）。

ブラックホールという単語は、すぐに世界中の学者が使い始め、一般にも浸透していった。高い温度で物質が光を出す現象を黒体輻射（33ページ）というが、黒体輻射は輻射を吸収・放出する物体なので、その対応も良かった。ただ、フランスだけは、「黒い穴」という言葉には卑猥《ひわい》な意味があって、使われ始めるのには数年かかったそうだ。

ホイーラーは命名の達人だった。彼は、これ以外にも「ワームホール」や「時空の量子泡(quantum foam)」、宇宙の初期に量子論が関わってくる「プランク時間」や「プランク長さ」など今では物理学者が誰でも使う言葉も命名している。また、ファインマンの経路積分法を「歴史の和（sum over histories）」と噛《か》み砕いて表現するなど、物理のイメージをわかりやすく伝えることも得意だった。ちなみに彼は一般相対性理論を「空間が物質にどう動くかを教え、物質が空間にどう曲がるかを教える理論」と説明している。

4・9　ブラックホール候補天体の発見

クェーサーの発見

1963年、電波源となっている天体を光学望遠鏡で探査していたオランダのシュミットは、3C273と名付けられた電波源の近くに天体を発見したが、そのスペクトルに大きな赤方偏移が見られたことから、この天体は秒速4万4000㎞という大きな速さで我々から遠ざかっていると報告した。この天体の正体が不明だったため、準恒星状天体（quasi-stellar radio source）、略してクェーサー（quasar）と呼ばれることになる。日本では準星とも呼ばれた。星のようだが星ではないかもしれない天体、という命名である。

当時は膨張宇宙論と定常宇宙論がまだ論争中であり（5・6節参照）、膨張宇宙論者はこの天体が遠方にあるため（20億光年先）と主張したが、定常宇宙論者は、そうだとすると、莫大なエネルギー源が説明できないと反論し、近傍の星が高速で遠ざかっていると主張した。この論争で浮上してきたのが、ブラックホールをエネルギー源として考えられるかどうか、という問題である。

今では、宇宙は膨張していて、クェーサーは非常に遠方にある天体であることが結論されている。そして、クェーサーは非常に小さな天体であることもわかっている。クェーサーの典型的な明るさは、銀河の１００倍程度で、典型的な明るさの変動は数日から数ヶ月程度である。明るさの変動スケールは、クェーサーがどのくらいの大きさの天体なのかを示すことになる。仮に10日の変動だとすると、光が10日間で進める距離程度の大きさだと考えられるので、銀河の大きさの１００万分の１になる。つまり、クェーサーは、典型的な銀河の１００倍のエネルギーを、銀河の１００万分の１の大きさの天体が放出しているのだ。

クェーサーのエネルギー源は80年代になって、活動銀河核（AGN, active galactic nuclei）として説明されるようになった。太陽系は、太陽の質量で惑星・小惑星・彗星などを束ねているが、それと同じように、ほとんどの銀河系の中心には大質量のブラックホールがあり、銀河系全体をまとめていることがわかっている。その中心部分のブラックホールが、周囲の星を飲み込むと、その回転軸方向にジェットを吹き出すメカニズムが存在する（次のはくちょう座X―１の説明図、図30〈１６０ページ〉参照）。およそ1年間に10個程度の星をブラックホールが飲み込むと、クェーサーのように強く光ることができる。ジェットの飛び出す方向が地球を向いていれば、我々はそれをクェーサーとして観測することになるのだ。

遠方にしかクェーサーが観測されない理由は、かつての宇宙ではガスから星が多数生まれる状況であり、銀河中心のブラックホール周辺でも星が多数存在したが、現在では銀河中心のブラックホールはほとんど周囲の星を飲み込んでしまっているからだと考えられている。

いて座A＊

我々の銀河（天の川銀河）の中心は、活動的ではなく、ジェットを吹き出していない。しかし、巨大なブラックホールが存在しているようだ。地球から見る天の川銀河の中心はいて座の方向にあり（天文学者や一般の天文ファンの方は、いて座と言われたらどこにあるのかがすぐにわかるかもしれないが、日頃数式ばかり見ている物理学者は案外星の名前や位置を知らない。いて座の方向に銀河中心がある、と論文で知っていても、いて座が夏の星座であり、さそり座のすぐ東側にあることを私は数年前に知った。私だけか⁉）、いて座A＊（エー・スター）と呼ばれる電波源があることが知られている。地球からの距離は約2万6000光年である。

いて座A＊自身は光らないので見えないが、その周囲を動く星の運動を15年以上追跡した観測では、図29に見られるように、ある一つの点を焦点とする楕円軌道が多数見られる。つまり、ケプラーの楕円運動の法則が、いて座A＊でもきちんと観測されているのだ。中心の

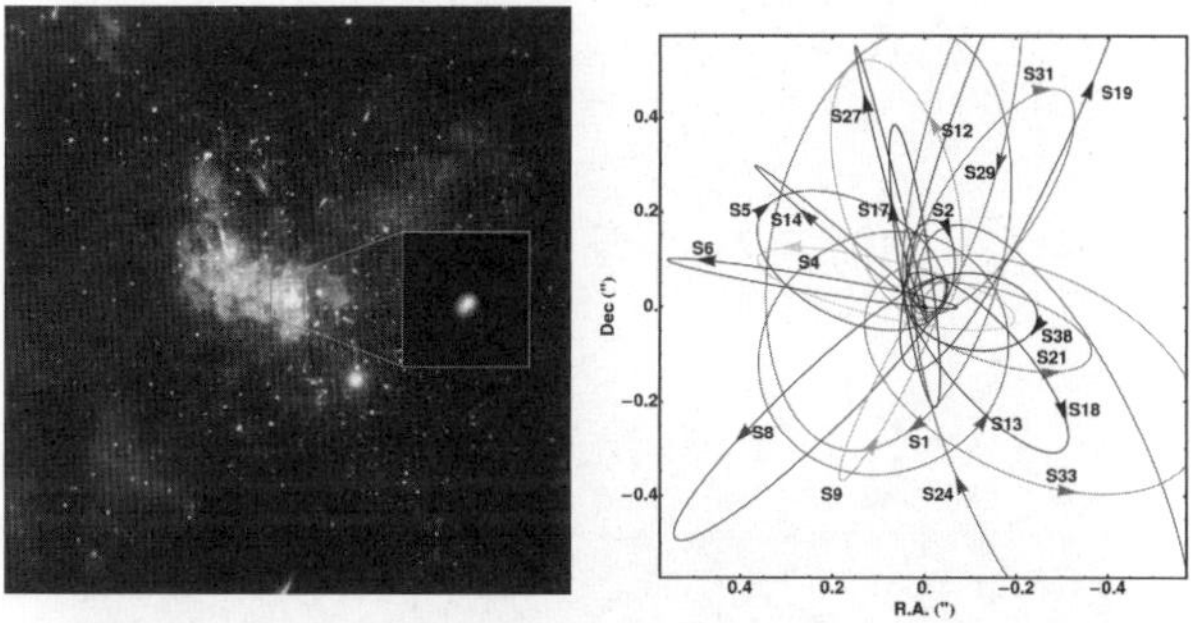

図29　天の川銀河中心には、強力な電波を発する天体（いて座A＊）がある。〔左〕NASAチャンドラX線観測衛星が撮影したフレア。〔右〕15年以上にわたる周辺の天体の軌道解析（Gillessenらの論文arXiv：0810.4674から）。これら多数の天体の軌道からは、太陽の420万倍の質量をもつ大質量ブラックホールが中心部分に存在していることがわかる。

ブラックホールの質量は太陽の約４２０万倍と見積もられている。ブラックホールの地平面の大きさは太陽系の水星の軌道半径より小さい。

このような巨大ブラックホールが、どのようにしてできるのかは、まだわかっていない。星が潰れてできるブラックホールとは別のメカニズムでできるはずだが、今でも確実な理論はできておらず、研究が続いている（6・14節参照）。

はくちょう座X―1

１９６２年に、X線を使った天文観測が始まると、宇宙の所々から強いX線が放射されていることがわかってきた。その中でも64年

図30　はくちょう座X-1の放出する強いX線は、ブラックホールへガスが流れ込み、降着円盤を作っていることが原因と考えられている（イメージ図、NASA）。

に発見された「はくちょう座X―1」（図30）と呼ばれるX線源は非常に強力で、その正体について論争が生じた。当時東京大学に所属していた小田稔は、自らが発明した「すだれコリメータ」でX線源の位置を正確に特定すると共に、その強度が1秒足らずで変動することも発見した。そして、他の研究者と共に電波望遠鏡や光学望遠鏡を用いてX線源の近くに、約6000光年の距離にあるHDE226868と番号がつけられた9等星があって、この星が5・6日の周期でX線源を周回していることを発表した。

天文学者たちは、光っている星HDE226868が、ブラックホールに吸い込まれつつあり、そのガスが強いX線を出している、という仮説を立てた。

私たちは洗面台や風呂で貯めた水を流すとき、水が渦を巻くのを目にするが、ガスが一点に向かって落ち込むと、同じように渦を巻いて降着円盤と呼ばれる構造を作る。ガスは回転する運動量（角運動量）を保存するので中心にいくほど早く運動するようになる。内側ではガスの分子同士が激しくぶつかり合って温度が１０００万度以上になり、X線を放出すると考えられるのである。

星を飲み込むほどの重力を持ち、しかも自分自身は光らない物体として、ブラックホールの存在が予想されるようになった。ブラックホール自身は光らなくても降着円盤が強力な光源になるのだ。ガスの断末魔がX線になっているのである。

ソーンとケンブリッジ大のホーキングは、余興で、はくちょう座X―１にブラックホールが存在するかどうかの賭けをしたそうだ。ホーキングはブラックホールがない方に、ソーンはある方に賭けた。ホーキングが勝った場合にはソーンはタブロイド誌の『プライベート・アイ』４年分を進呈し、ソーンが勝った場合は雑誌『ペントハウス』１年分を手にいれるとの約束である。賭けごとの証書にサインした75年当時、すでにブラックホール説が有力だったが、ホーキングはブラックホールの存在が確実になるまで勝敗の決定を認めないと主張した。その後、人工衛星を使ったX線観測によって、詳しいスペクトルが次々と明らかになり、はくちょう座X―１はブラックホールであることがほぼ確実になる。90年になってホーキングは敗北を認め、ソーンは『ペントハウス』1年分を受け取った。

今では、はくちょう座X―1のブラックホールは、太陽のおよそ10倍の質量をもち、もともと太陽の約30倍の質量をもっていた星が、進化の末に超新星爆発を起こすことで作られたと考えられている。そして、同様のブラックホール候補天体は天の川に30以上発見されている。

4・10　回転しているブラックホール解の発見

カーによる解の発見

クェーサーの発見と同じ年、ニュージーランド出身のカーが『回転する質量の重力場』と題した2ページに満たない短い論文を発表した。アインシュタイン方程式で回転している物体を初めて厳密に解いた結果を示した論文である。

カーは、当時、テキサス大学の研究員の身分で、数学的な興味から、アインシュタイン方程式の解のうち、光が進んでも光の断面にゆがみ（シアア）が生じないような時空を探していた。言い換えると、光が広がっていったときに、その進路に垂直な断面が単に拡大縮小するような時空があるかどうかを研究していた。同じ頃、ニューマンが、重力が存在すればそのような時空は存在しない、という論文を書いたが、カーは自分の直観と合わずにすぐにニューマンの計算ミスを発見していた。ゆがみがない一般的な時空を数ヶ月間探していたが無理だったので、仕方なく、回転軸を持つような時空に絞り込み、さらに時間に依存しないような仮定をしたところ、方程式の解が得られたという。

新しい解が見つかったことをカーは、所属長のシルドに翌日報告する。本当にこれが回転している物体なのかどうかが議論になった。カーの得た解は特異点を持っていた。特異点の回転速度を計算することはできないが、回転している時空では、座標系の引きずり効果が生じることが古くから知られていた。座標系の引きずりの大きさを計算すれば中心物体が回転しているかどうかがわかる。

「20分で計算できる」とカーは宣言し、部屋に戻った。シルドもカーの部屋に来て、後ろから見守っていたという。30分後、カーが「回転している！」と叫ぶと、シルドは吸っていたパイプを投げ出し、カーのもとへ駆け寄って抱きしめたという。複雑なアインシュタイン方程式で、回転している物体の解が初めて見つかったのだ。世界の研究者に待ち望まれていた解である。この論文は、異例の速さで1ヶ月後には掲載され、クェーサーのエネルギー源研究に応用された。

1年後には、カーターが、この解は星ではなくて、ブラックホールを表していることを明らかにした。カーの解は、シュヴァルツシルト解と同じように地平面を持ち、さらに、特異点が地平面によって取り囲まれていた。しかも、この解の特異点はドーナツのようなリング状の形をしていた（図31）。カーは、回転するブラックホール解を発見していたのである。

カーによって発見された解は、大変複雑な形をしているが、質量を表すパラメータと回転

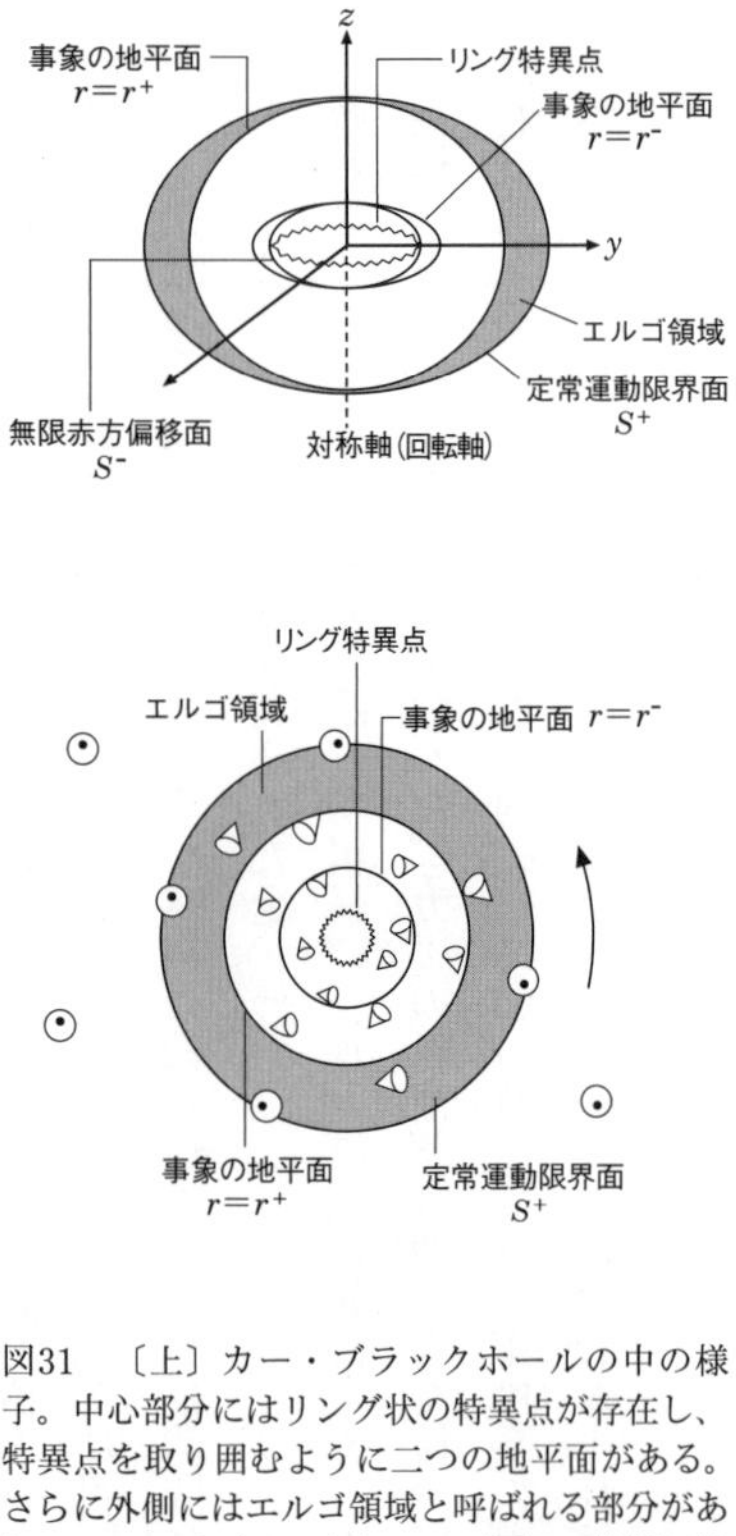

図31　〔上〕カー・ブラックホールの中の様子。中心部分にはリング状の特異点が存在し、特異点を取り囲むように二つの地平面がある。さらに外側にはエルゴ領域と呼ばれる部分があり、ここではブラックホールの回転の影響で静止することができない。〔下〕回転軸の方向から見たカー・ブラックホール。光円錐の広がり方を示す。・が光源で◯が光円錐の広がりを示す。地平面の内側では光円錐は内側を向いていて、エルゴ領域では光円錐は必ず光源からずれていく様子がわかる。

を表すパラメータの二つだけが自由に選べた。つまり、カー解は一定の速さで全体が回転しているブラックホールである。回転をゼロとすれば、シュヴァルツシルト解に戻る。回転のパラメータを大きくしていくと、ブラックホール地平面は扁平《へんぺい》になっていく。回転している地球は赤道を一周する長さの方が子午線の長さよりも長い扁平だが、カー解もそのような性質を持っていた。

アインシュタインの解は見つけるのは難しいが、ひとたび発見されれば誰もがすぐに確認することができる。コンピュータで数値的に解かれた解ではなく、数学的に厳密に導き出された解であれば、さまざまな方向へ応用・発展が進む。カー・ブラックホール解の発見は、ブラックホール研究史の中で、理論的にも天文学への影響の面でも非常に大きなものであった。ちなみに、カー自身は、その後すぐに「光が進んでもゆがみ（シアア）が生じない時空」の存在を証明することに成功した。

ブラックホールからエネルギーを取り出す

１９６９年にペンローズは、ブラックホールからエネルギーを取り出すことができるというメカニズム（ペンローズ過程）を発表した。

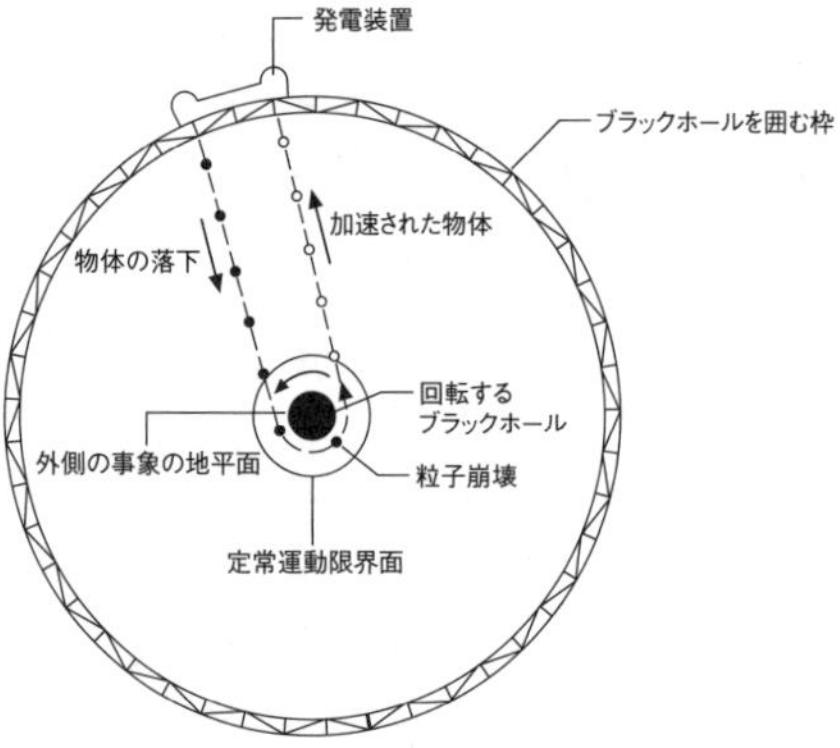

図32　ペンローズによる、回転するブラックホールを使ったゴミ処理と発電の提案。

カー・ブラックホールの周辺（地平面の外側）では、ブラックホールの回転によって時空が引きずられ、光でさえも静止できない領域が発生する。この部分をエルゴ領域（エネルギー的に特殊な領域）と呼ぶ。このエルゴ領域に物質（例えばゴミ箱に入ったゴミ）を投げ込むことを考えよう（図32）。ゴミだけブラックホールの地平線の内側に落とし、ゴミ箱は再び遠方で回収するとしよう。エルゴ領域ではゴミを打ち出すエネルギーを遠方から見て負とすることができる。そしてゴミ箱は逆に正のエネルギーをさらに稼いで外側に飛び出してくることが可能になる。ブラックホールの回転を使って加速して帰ってくるのである。この結果、ブラックホール自身は負のエネルギーを吸い込んで回転を遅くする。我々はブラックホールの回転のエネルギーを取り出すことができることになるのだ。ソーンらは、このメカニズムで、人類はゴミ処理問題と発電エネルギー問題を一挙に解決できると教科書『重力の理論』で絶賛した。

この話は、まだ思考実験の範疇《はんちゅう》ではあるが、量子論的な考察を含めると、現実に起こりうる話でもある。量子論では、真空は何もない空間ではなく、絶えず粒子の生成と消滅が生じるダイナミックな空間である。もし、エルゴ領域で粒子の生成が起こり、一方が遠方へ、もう一方がブラックホールに落ち込んだとしよう。外側に粒子が飛び出した、ということは正のエネルギーが得られたことになるが、エネルギー保存則から、内側に落ち込んだ粒子は負のエネルギーを持ってブラックホールに突入したことになる。ブラックホールは質量を減少させて少し軽くなるはずだ。

もっと現実的に、カー・ブラックホールの回転エネルギーを取り出すメカニズムが、ブランドフォード・ズナジェック効果（77年）として知られている。回転しているブラックホールの周りに降着円盤が形成されていて、電磁場が張り巡らされているとしよう。磁力線がブラックホールに巻き込まれると、糸巻きのように磁力線はブラックホールの軸方向にねじり上げられ、固定されていく。この磁力線に沿って電子が進めば、強烈なジェットとして軸方向にエネルギーが放出されることになる、というモデルである。これもブラックホールの回転エネルギーを取り出していることに相当する。現在、クェーサーのエネルギー源を説明する有力な候補としても考えられている。

ブラックホールの唯一性定理

カー解は、「物理学のあらゆる方程式のなかで最も重要な厳密解」とも評される。それは、すべてのブラックホール解はカー解で表されることが証明されたからである。

この証明が完成するまでは10年を必要とした。はじめに糸口を付けたのは、カーターである。彼はブラックホールがコマのような回転軸を持つとすれば、その大きさと形は質量と回転の速さだけで決まることを証明した（70年）。続いて、彼のケンブリッジの同僚だったホーキングは、定常に回転しているブラックホールはいずれもそのような回転の対称軸を持つことを示す（71年）。そして、73年には、これらの結論を発展させて、ロンドン大学キングス・カレッジのロビンソンが、「アインシュタイン方程式の解のうち、真空で軸対称で定常的なものは、カー解に限られる」ことを証明した。これはブラックホールの唯一性定理と呼ばれている。カー・ブラックホールが自然界に存在する唯一のブラックホール解なのだ（ここでの話は、４次元時空に限った話である。４・15節で高次元時空だと、唯一性定理が成り立たないことを紹介する)。

後に、ブラックホール研究に戻ったチャンドラは、カー解に出会ったときのことを「45年以上も科学に捧げた人生の中で、もっとも衝撃を受けた経験」と表現し、「数学的な美しさから導出されたこの解が宇宙のすべてのブラックホールを表現していることを知るとさらに震えが止まらなくなった。そして美しさこそが、人々の心を強く深くさせるのだと悟った」と語っている(75年)。

著者が初めて参加した国際会議は、94年にスタンフォード大学で開かれた第７回マルセル・グロスマン会議だったが、そこでチャンドラはマルセル・グロスマン賞の受賞講演として『モネの一連の絵画と一般相対性理論の風景(The Series Paintings of Claude Monet and the Landscape of General Relativity)』と題した講演を行った。アインシュタイン方程式の厳密解として得られるカー解と平面重力波解が鏡に映したように美しく対応していることを示し、モネの絵画で湖に映し出される上下対称のものもプロジェクタで投影して、しきりに美しさを強調していたことを思い出す(ただし、彼の美しいと評する式は10行以上のものを比べて並べたものであったが……)。

いく。

4・11 ブラックホール研究の黄金時代

60年代から70年代にかけて、ブラックホールに関する新しい事実が次々と明らかになっていく。

ブラックホールは安定である

ひとたびブラックホールになってしまった後、他の形に変わることはあるのだろうか。例えば、もし新たに物質がブラックホールに飛び込んだとき、ブラックホールが動き始めたり分裂したりすることはあり得るのだろうか。この問題設定はブラックホールの安定性問題と呼ばれる。

カー・ブラックホールが登場する以前、シュヴァルツシルト・ブラックホールが安定かどうかが議論された。そのためには、ほんの少しだけ変形したらどうなるのか、という計算をすればよい。摂動法と呼ばれる計算である。

摂動法の計算を考えたのは、ホイーラーである。彼には結論が見えていたが、その計算を実際に実現してくれる有能なポスドクを探していた。そして計算力のあるレッジェに、この課題を与えたという。レッジェとホイーラーによる摂動法の論文（57年）は、その後この分野のバイブルになるが、論文執筆時には、ホイーラーがタイトルを『シュヴァルツシルト特異点の安定性』と決めて概略と結論を先に書き、途中経過を穴埋め形式にしてレッジェに書き込ませた、とのエピソードも残されている。ブラックホールは、少しくらい変形してもその変形は消えてもとのブラックホールに戻る。そして、変形させたときには、ブラックホールの質量に反比例して決まる振動数で少しの間だけ振動（脈動）する。太陽質量の10倍程度のブラックホールなら、０・０１秒もしないうちにもとのブラックホールになってしまう。

ソビエトのノヴィコフらは、摂動法の計算手法を用いて、球形から少しずれた星（山のような出っ張りがある星）の崩壊を研究した。そして、星がブラックホールになると、山は消えてしまってブラックホールは完全な球形になることを報告する（65年）。ソーンの学生だったプライスは、山のような出っ張りの部分が消えていくときに、周りに時空のゆがみを生じさせることを示す（71年）。時空のゆがみは波のようにして周囲に広がり（重力波、第６章）、やがて消えゆき、最終的にはシュヴァルツシルト・ブラックホールになることが示された。シュヴァルツシルト・ブラックホールは安定なのである。

だが、カー・ブラックホールの場合は、安定なのか不安定なのかが不明だった。回転をしている物体は遠心力で横に広がる。カー・ブラックホールの地平面も回転が速くなればなるほど横に広がっていく。極端に速く回転する場合、地平面がちぎれてしまって、中の特異点が出現することはあり得るのだろうか。カー・ブラックホールの摂動を表す方程式を作ればよいことは明らかだったが、なかなかその方程式は得られなかった。

成功したのは、ソーンの学生だったトイコルスキーである（72年）。ニューマンとペンローズがその10年前に開発していた重力波を扱うための新変数（光の伝播する方向を基準にして時空を分解し、波を記述しやすいように複素数化した特殊な組み合わせ）を用いて、カー・ブラックホールの振動について解析できる基本方程式を見つけたのだ。トイコルスキーらは、コンピュータを使ってカー・ブラックホールの脈動を計算し、脈動する固有の振動数がブラックホールの質量と回転の大きさによって決まることを見出した。だが、脈動はいずれの場合も必ず減衰してゆき、ブラックホールが破壊することはないことを見出した。カー・ブラックホールも少しの変形に対しては安定だったのだ。

このように、ブラックホール解は安定な解で、ちょっとくらいの振動ではビクともしないことがわかった。しかも脈動するモードが決まっていて、ごく短時間ではあるが、重力波を決まった振動数で（減衰させながら）放出する。もし、このような減衰振動が観測できれば、我々はブラックホールが存在したことを波の形から「見た」ことになる。第６章で、重力波観測の紹介をするが、もし、重力波が直接観測されたとしたら（それは２０１６年か17年の近未来であることを期待するが）、我々は初めてブラックホールを直接「見た」といえることになる。

ブラックホールにはヘアがない

ギンズブルクがブラックホールに磁力線が閉じ込められることを発見した64年頃、摂動法の計算手法を用いて、球形から少しずれた星がブラックホールになると、山は消えてしまってブラックホールは完全な球形になることも明らかになった。ブラッホールはできてしまうと、外からは磁力線も見えないし、形の情報も失われてしまう。

このような事実が積み上がるなか、イズラエルは「（回転していない、かつ電荷を持たない）星の爆縮では、ブラックホールが形成されるとすれば球状である」という定理を数学的に証明する（67年）。さらに、その４年後には、回転ブラックホール解を研究していたカーターが、ブラックホールの唯一性定理のもとを示した。どうやら、ブラックホールはとてもシン

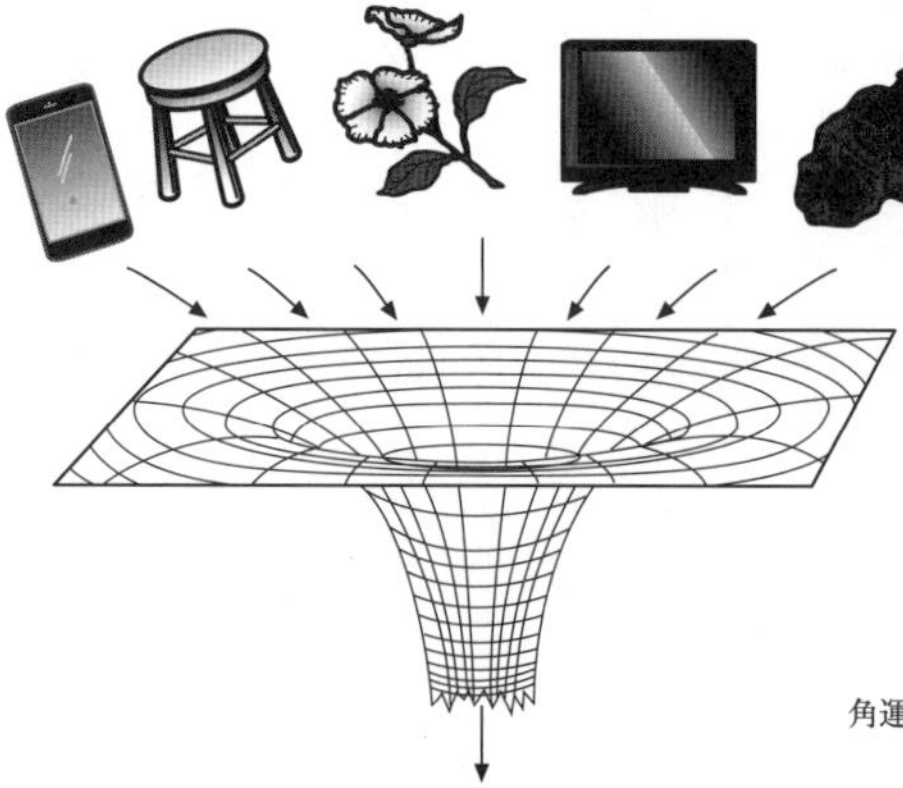

図33　ブラックホールに何を投げ込んでも外から見ると、質量と電荷と角運動量しか観測できない。このことを「ブラックホールはヘアがない」という。

プルな構造に限られるということが、次第にわかってきた。

つまり、星が爆縮・重力崩壊してブラックホールになった、とすれば、それまでに持っていたさまざまな情報が地平面の内側に閉じ込められ、外から見れば質量と電荷と回転の大きさ（角運動量）しか観測できないことになる。この状況をホイーラーは、解説記事で「ブラックホールにはヘアがない（black hole has no hair）」と端的に表現した（図33）。すべての情報（ヘア）を失って最後には3本のヘアしか残らない、という意味である。カーターが証明したブラックホールの唯一性定理は、天文学として応用するならば、「ブラックホールの脱毛定理（あるいは無毛定理 no hair theorem)」とも呼ばれる。やや猥褻《わいせつ》なニュアンスのある言葉であるが、的を射た表現でもあり、研究者は好んで使うようになる。私自身も一般の方に講演でこの話をするときには、サザエさんに登場する波平さん（毛が１本）と双子の兄の海平さん（毛が２本）の絵を出して説明している。ホイーラー自身は、「毛がない」という言葉は、学生のベッケンスタインが使い始めた、と後年インタビューで語っている。

重力崩壊したブラックホールが最終的に３本のヘアだけを持つことは、厳密にはまだ証明されたものではない。重力だけがはたらく場合には、唯一性定理として証明されたが、いろいろな物質を含んだあらゆる場合の情報が消えてなくなるかどうかの証明は難しいだろう。そのため、厳密を好む人は、「脱毛『定理』」と呼ばずに「脱毛『仮説』(conjecture)」と呼んでいる。90年代には、いろいろな場の理論でブラックホールを考えたときに、３本のヘア以外のヘアが見えるかどうかという研究が精力的に進められ、見える場合には「色ものブラックホール」(colored black hole) という名前で呼ばれた。特殊な電磁場を想定するとヘアが残る、ということだが、いずれも不安定で、風が吹けば飛んでいくようなカツラのようなものだ、とのことである。

4・12　裸の特異点

シュヴァルツシルト解もカー解も、無限大となってしまう奇妙な点（分母にゼロが入ってしまう分数の箇所）が二箇所ある。一つはブラックホールの大きさ（ブラックホール地平面）を表す場所である。この無限大は座標の取り方を工夫することで取り除けることが後になってわかった（4・8節）。カー解でも同様である。しかしもう一つのブラックホールの中心の無限大は、どうしても取り除くことができない。このような点を**時空特異点**と呼ぶ。

特異点定理

重力崩壊の結果として、時空特異点が必然的に生じるのかどうか、という議論が生じる。研究者の中には、これらの解は特別な対称性を持った時空での解であるから一般的なものではないだろう、初期条件の違いによって特異点ができるかどうかが決まるのではないか、という意見もあった。

この問題に対し、「一般的な条件のもとで、特異点の発生は避けられない」ことを証明してしまったのが、ペンローズである（65年）。彼は、星の重力崩壊で、ひとたび光が外側へ広がれないほど強い重力が生じた場合には（すなわち「閉じた捕捉面」が形成された場合には）、その捕捉面の内側には必然的に特異点が存在することを一般的に証明した。続いて、ホーキングと共に、同じテクニックを宇宙全体にも適用して、ビッグバン宇宙モデルのはじめには、必然的に特異点が存在することを証明した（69年）。

もう少しだけ詳しく、彼らの仮定した条件を見ておこう。特異点定理で証明されたことがらは、次のようなあらすじである。

特異点定理（ペンローズ・ホーキング　１９６５・１９６９）

次の四つの条件が同時成立しているならば、時空には少なくとも一つ特異点が存在する。

（１）物質のエネルギーが負になったり、圧力が大きく負になったりしないこと（強いエネルギー条件）

（２）時空が一般的であって対称性を要求しすぎないこと（一般性条件）

（３）因果律が時空全体で成立していること（クロノロジー条件）

（４）閉じた捕捉面が存在すること

最後の（4）の条件は、強い重力のために光が広がることができない領域が存在することを意味している。そして、証明される特異点の定義は、時空をたどっていくと「行き止まりがある」という意味の特異点である。証明は背理法である。

特異点定理で使われる数学は、曲がった時空での運動学（測地線束の広がり方を表すレイチャウドフリ方程式）であり、一般相対性理論に限ったものではない。一般相対性理論で普通の物質を考えれば、右で仮定した（1）が成り立つことになる。また、ここで定義された特異点は、必ずしも密度が無限大になる特異点を意味しているわけではない。しかし、特異点を超えて方程式を適用できなくなる困った点であることは同じである。

このように、極めて一般的な条件で、特異点の存在が「証明されてしまった」。アインシュタイン方程式を解いて出てくる答えが、アインシュタイン方程式の適用できない特異点を含む、と言っているわけだ。これは、ある意味、自己矛盾でもある。

裸の特異点

特異点があると、とても困る。その点から先は、空間的にも時間的にも計算することができなくなるからだ。自然界に生じる物理現象では、あってはならないことに思える。しかし、特異点定理は、一般相対性理論を考える限り、特異点は極めて一般的に存在することを示している。我々はどう向き合えばよいのだろうか。

重力崩壊で生じる特異点に関しては、ブラックホール地平面の内側にあってくれれば外側の世界には影響が出ないので、特異点が存在してくれたとしても問題はないだろう。しかし、シュヴァルツシルト解が発見された直後には、ゆがみを持たせたワイル解が発見され、さらに冨松彰と佐藤文隆によって、ゆがみと回転を両方持たせた冨松・佐藤解が発見されている(73年)。ワイル解も冨松・佐藤解も時空特異点を持つが、地平面はない。いわば特異点が地平面に隠されずに直接見えてしまう構造になっている。このようにブラックホール地平面に隠されない特異点を、**裸の特異点**(naked singularity)があるという。ペンローズが命名したニックネームである(英語で裸は、nudeとnakedの二つがあるが、nudeは自ら見せる裸、nakedは思わず見られてしまう裸というニュアンスがあるそうだ)。

宇宙初期の特異点については、別の考えが必要になる。特異点定理で前提とされた条件が、宇宙の初期では成り立たない可能性を探ることである。おそらく宇宙の始まりは、量子論と一般相対性理論を融合した、量子重力理論で記述されることになるだろう。量子重力理論はまだ完成していないが、時空そのもののゆらぎを考えることになるので、おそらく特異点の定義も、エネルギー条件も変更されることになるだろう。この問題は、5・8節で触れる。

宇宙検閲官仮説

裸の特異点が出現するとしたら、ブラックホールの中に存在する特異点よりも重大問題である。なぜなら、ブラックホールの中の世界の話であれば、外側の我々には影響しないからだ。裸の特異点があれば、とたんに我々はその点から先の未来の計算ができなくなる。物理学の敗退である。

先に、ブラックホールには唯一性定理があることを紹介した。4次元の定常時空のブラックホール解は、カー・ブラックホールに限られる、という定理だった。しかし、定理の前提条件には「定常的な」という制限がある。時間発展するような、つまり星の重力崩壊のようなダイナミカルに変化するような状況に対しては、実は無力な定理なのだ。

星が潰れた最期の姿は、ブラックホールなのだろうか、それとも裸の特異点が出現してしまうのだろうか。

ペンローズは、現実的な解決方法として、**宇宙検閲官仮説**（cosmic censorship conjecture）という次のような魅力的なアイデアを披露している。

重力崩壊でできる時空特異点はブラックホールの内側に必ず隠されるだろう。だからブラックホールの外側の観測者には、特異点の悪さは影響しない。

「検閲官」という言葉は英語ではcensorshipである。アメリカのテレビでは、子供に見せてよい番組・13歳以上なら親の許可のもとに見せてよい番組……などなど性や暴力の描写に関する内容に対して厳しいガイドラインがついているが、censorshipという英語は、女性の裸が見えそうになると、その部分を隠すときに使われる単語でもある。

ペンローズは、自然界には特異点の出現を防ぐメカニズムがあるにちがいない、裸の特異点の露出は宇宙に検閲官がいて禁止するのだ、と予想した。なかなか粋なネーミングである。日本的に言えば「臭いものにフタ」という発想だろうか。

宇宙検閲官仮説は、証明されているものではない。したがって、この仮説が正しいのかどうかが新たな相対性理論の研究テーマとして浮上した。

フープ仮説

検閲官仮説は、特異点の取り扱いに対する難しさを解決するものではないが、とても面白い考えである。

同じ頃、72年に、ソーンは、ブラックホールが形成される条件として、十分に物質（星）が小さくまとまっていなければならない、という「フープ仮説」を提唱した。茶筒のような細長い対称性（円筒対称性）での重力崩壊を計算していたソーンは、そのような特殊な対称性では特異点も軸上に細長く発生することに気がつく。そして、ブラックホールの地平面ができるためには、ある程度のコンパクトさが必要で、それは、物質の広がりが、フラフープのような輪の中に（あらゆる方向に輪を回しても）おさまるかどうかで決まるのではないか、と予想した（図34）。

ソーンの仮説は曖昧で、どのような質量を基準にするのか、どのような座標でフープの半径を決めるのかは明言していない。本人の著作でも「直観で思いついた」と記されている。だが、ソーンの直観が正しければ、物質の初期形状がかなり細長かったならばブラックホール地平面が形成されず、裸の特異点が出現することになる。この仮説が正しいかどうかの判定には、スーパーコンピュータを使ったシミュレーションが必要になり、すぐには解決が見

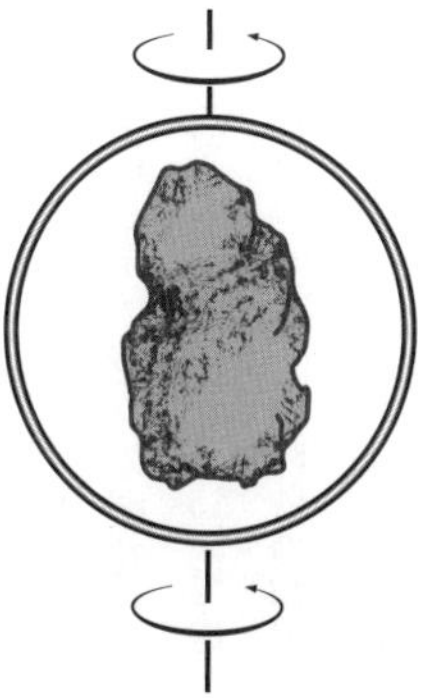

図34　ソーンのフープ仮説　ブラックホールが形成されるためには、物質が小さくまとまる必要がある。フラフープのような輪のなかに（あらゆる方向に輪を回しても）入ることが条件ではないか。

込めないことも明らかだった。

このシミュレーションが実現できるようになるのは80年代の終わりである。現・京都大学の中村卓史は、シャピーロ、トイコルスキーと共に、いろいろな形状の物質分布を仮定し、ブラックホールができるかどうかの判定を試みた。彼らの計算では時間発展をせずに、物質を置いた瞬間だけの解析だったが、あまりに細長く物質を分布させると、ブラックホールができないことがわかった。その解析から3年後、シャピーロとトイコルスキーの二人は、時間発展でブラックホールができるかどうかのシミュレーションを実現させ、細長い物質分布では、ブラックホールの地平面が形成されずに、裸の特異点（らしきもの）ができる傾向があることを明らかにした。ソーンのフープ仮説は大まかに正しいという結果である。しかし、数値計算では特異点の出現を明確に示すことは難しく、時空の曲率がどんどん大きくなって、コンピュータのシミュレーションが進まなくなることを示した計算だった。さまざまな論点も指摘された。一般相対性理論では時間座標の進み方も場所によって異なるので、裸の特異点の出現時間も定かではなく、本当に裸かどうかが曖昧となった。

それから20年後、別の興味から、私は大学院生の山田祐太君とこのシミュレーションを再現することにした。我々の興味は、高次元時空でのブラックホール形成で（なぜ高次元を考えるのかという問題は、4・15節で述べる）、空間が4次元・時間が1次元の5次元時空での時間発展を調べていた。中村らの解析を5次元版でも行い、そして、シャピーロ・トイコルスキーの4次元のシミュレーションを再現して5次元版のシミュレーションと比較した。20年前にはスーパーコンピュータを必要とした計算が、ちょっと大きなパソコンで可能な時代になっている。山田君の計算結果は、5次元では、半径を基準とするフープではなく表面積を基準とするフープであれば5次元ブラックホール形成の判定ができること、さらに、特異点の出現時間も正確に積分計算して確かに特異点が「裸である」ことを明らかにした（ちなみに、高次元になると、重力の伝播する自由度が大きくなることから、重力崩壊はより迅速になり、より球対称形状に進むことがわかった。また、物質分布が極端に細長い場合には、ブラックホール地平面が形成せずに裸の特異点が出現する傾向も確かめられたが、裸の特異点の形成条件は4次元のときよりも条件がきつい〈できにくい〉ことがわかった）。

これらのシミュレーションで仮定された物質分布は、細長い形状にぎゅっと物質をまぶしたような特殊な分布である。現実の宇宙ではなかなかあり得ない物質形状とも考えられるが、少なくとも宇宙検閲官仮説の特殊な場合の反例にはなり得るものと考えている。

ホーキングとソーンの賭け

はくちょう座X—1がブラックホールかどうかで賭けが決着したホーキングとソーンは、この問題について、次に賭けをした。ホーキングは「裸の特異点は物理法則によって禁止されている」と主張し、ソーンは「裸の特異点の出現は、あり得る」という立場だった。どちらかが正しいことが判明した時点で「敗者は裸体を覆う衣服を勝者に与えること」と取り決められ、91年9月24日付で調印した（カリフォルニア工科大学のソーンの部屋の前の廊下には、ホーキングとの賭けごとの証書が誇らしげに掛けられている）。

その後すぐに、シャピーロらの裸の特異点形成の論文が出され、また、チョプティックのシミュレーションによって、ブラックホールができるかできないかの境界を調べていくと、いくらでも小さいブラックホールが作られる可能性（ブラックホールの臨界現象）も示された。これは同時に、裸の特異点が生じる可能性も意味していた。またしてもホーキングの負けである。Tシャツを贈呈したそうである。

ホーキングは懲りずに、もう少し厳密な表現を持ち出して、「一般的な初期条件では、裸の特異点は発生しない」という賭けをすることにした。ソーンとプレスキルは「あり得る」派である。現在の賭けは「敗者は裸体を覆う衣服を勝者に与え、その衣服には敗北を認める文章を入れること」となった。現時点で、まだこの勝負に決着はついていない。

4・13　ブラックホール熱力学・蒸発理論の衝撃

ブラックホールは増大してゆく

二つのブラックホールが衝突して合体したら、合体のときにどれだけ重力波が放出され、合体後はどれだけの大きさのブラックホールになるのだろうか（二つのブラックホールの合体に初めて成功したシミュレーションの図を図35に示す。図は上向きが時間軸である）。この問題を考えていたホーキングは、はじめの二つのブラックホールの質量の和よりも、合体してできるブラックホールの質量の方が大きいのではないか、と漠然と考えていた。だが、そう考えると、重力波としてエネルギーを放出するエネルギー源が不明である。70年の11月のある晩、一つの閃《ひらめ》きが訪れたという。ブラックホールを特徴づけるのは地平面の表面積ではないか、と（なぜブラックホールの体積ではなくて、表面積なのか、と疑問を持たれるかもしれない。ブラックホールの地平面の中には特異点があり、体積を計算することはできない。ブラックホールの内側を考えずにブラックホールを定義する物理学を作らなければならないのである）。

図35　2つのブラックホールが正面衝突して合体したときの地平面。アメリカ・NCSAグループがシミュレーションで描いた図（『サイエンス』誌1995年11月10日号）。

　ブラックホールが回転していたり、運動していたりすれば、その分エネルギーを持つので、地平面の表面積はそれだけ大きくなっている。二つのブラックホールが合体するときに、単純に表面積の和が大きくなると考えれば、それは回転がない場合のブラックホールのときでは質量の2乗の和の足し算に相当する。こう考えれば、はじめの二つのブラックホールの和より、最後のブラックホールの和が小さく、その差が重力波として放出されうる。シュヴァルツシルト・ブラックホール同士が単純に合体したとき、重力波として放出されうる最大のエネルギーは理論上もとの総質量の29・3％という莫大なものになる。

この考えを推し進めるために、ホーキングは、ブラックホールを数学的にきちんと定義しなければならないことに気がついた。それまでの物理学者は、ペンローズが言い始めた「光が外側に広がって伝播していけなくなる場所」をブラックホールの地平面とした定義を受け入れていた。しかし、この定義は座標系の取り方で変わってしまうし、ブラックホールの合体などでは地平面は不連続に大きくなる場合がある。ホーキングはこの定義を**見かけの地平面**（apparent horizon）と呼び、自らは新たに**事象の地平面**（event horizon）として「遠方の観測者に光が届くことのない時空の境界面」としてブラックホールを定義することにした。そうすれば、ブラックホールに飲み込まれた物体のエネルギーを取り込んで、ブラックホールの地平面の面積は常に増大する。ホーキングは、**ブラックホールの面積増大則**として発表した。

事象の地平面は、理論的にすっきりしたものだが、実際に計算するのは厄介である。未来まですべての情報を知り得て初めて光が遠方まで抜け出せるかどうかが調べられるようにな

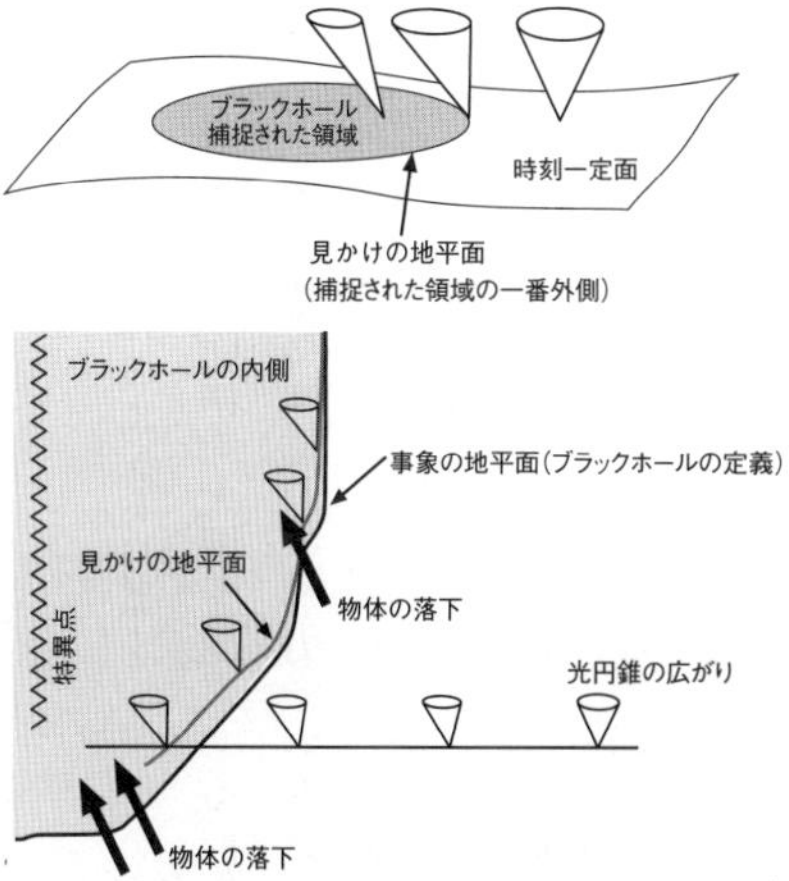

図36　2つのブラックホールの地平面の定義　〔上〕見かけの地平面は「光が外側に広がって伝播していけなくなる場所」。〔下〕事象の地平面は「遠方の観測者に光が届くことのない時空の境界面」。両者は、ブラックホールが定常的なとき（時間変化がないとき）は同一である。

るからだ。重力崩壊している星の表面にいる人は、まず事象の地平面の中に入り、その後に見かけの地平面の中に入ることになる（図36）。しかし、いつ事象の地平面に入り込んだのか、実はその瞬間には判定ができない。光を外側に飛ばし続けて、その光が無限に到達できるかどうかを判定しなければならないからだ。実用上は見かけの地平面を通過して自分がブラックホールにとらわれてしまったことを悟ることになる。

現在ではブラックホールの合体の数値シミュレーションが可能になっているが（6・13節参照）、事象の地平面を求めて議論した例はわずかである。多くのシミュレーションでは見かけの地平面でブラックホールを表している（見かけの地平面が存在すれば、その外側のどこかには事象に地平面があることが示されるし、定常的な状態では両者は一致する）。

ブラックホールのエントロピー

ホーキングが面積増大則を発表する前年、ホイーラーの学生のベッケンスタインは、ブラックホールの持つ性質と、熱力学の性質が似ていることに気がついていた。根拠はまったくないが、数式が似通っているという類推である。ホーキングの面積増大則を聞いて、ベッケンスタインは、面積をエントロピーと置き換えれば、熱力学の第二法則がそのまま対応することを知り、自らのアイデアをさらに確信した。

ここで少し熱力学の基本的な言葉を紹介しておこう。熱力学とは、熱エネルギーを加えたときに、物体がどう振る舞うかを考える物理学だ。

我々の身の回りの物質は目に見えない多数の分子でできている。気体・液体・固体の状態はいずれも分子運動の激しさで決まる。分子運動の激しさを我々は**温度**として認識している。

表1に、熱力学の基本となる四法則を示した。まず、発見されたのは第一法則である。気

	熱力学	ブラックホール
第0法則	熱平衡状態では温度Tは一定である	定常ブラックホールの地平面では表面重力加速度κは一定である
第1法則	エネルギー保存則 $dE = TdS+$外にした仕事 (dE：加えた熱、T：温度、dS：エントロピー増加)	質量公式 $dM = \frac{\kappa}{8\pi}dA + \Omega dJ = TdS + \Omega dJ$ （dM：質量増加、dA：表面積増加、Ω：地平面の角速度、dJ：角運動量増加、T：温度、dS：エントロピー増加）
第2法則	エントロピー増大則 $dS \geqq 0$	面積増大則 $dA \geqq 0$
第3法則	ネルンストの定理 物理的に絶対零度にすることはできない（エントロピーを0にできない）	宇宙検閲官仮説 物理的に$\kappa = 0$にすることはできない（特異点は裸にならない）

表1　熱力学とブラックホールの法則の類似。

体をピストンに入れて熱を加えることを考えよう。気体分子は温められ、活発に動くようになる。そのため外に向かってピストンを押す力が増える。もしピストンが外に動くならば押し出す仕事をするだろう。そして残ったエネルギーは気体の温度を上昇させることになる。このようなエネルギー保存則の考えを表したのが、熱力学の第一法則である。この法則が発見された後、温度が一定の状態を定義する第零法則が定められた。

エントロピーとは、乱雑さとも訳される物理用語である。コーヒーにミルクを数滴入れると、ミルクは広がり、決して戻ることはない。物理法則は時間に対して対称に書かれているのに、明らかに現実の物理現象には時間の進む向きがある。ミルクは広がっていく、という向きを決定するのは、ミルクの分子がコーヒーの分子の中に入り込める状態が非常に多く、再びミルク分子だけで固まる確率があり得ないくらい小さいから、と理由を考えることができる。このような状態数をカウントしたものをエントロピーと呼び、物理現象は「エントロピーが増大する方向へ進む」とするのが熱力学の第二法則である。

エントロピーは常に増大するので、物理的なプロセスでエントロピーを零にすることはできない。これは、エントロピーの定義式から、温度（絶対温度）を零にすることができないこと（摂氏マイナス273度に下げることができないこと）を示している。これが熱力学の第三法則である。

ベッケンスタインの主張するブラックホール熱力学は、しかし当初、誰にも受け入れられなかった。ブラックホールの表面積をエントロピーと読み替えたら確かに法則は似通っているが、ブラックホールは自然現象を乱雑にするのではなく、むしろ脱毛定理でシンプルにする物体である。ホーキングをはじめ、世界中の研究者がベッケンスタインの考えに見向きもしなかった当時、彼の指導教授のホイーラーは「君のアイデアは十分にクレージーだから、正しいかもしれない」と激励したという。

72年の夏、ブラックホールの研究者がフランスのアルプス山中に集合し、1ヶ月にわたる議論と共同研究を行う機会が設けられた。そこで、ホーキングはカーター、バーディーンと共に、ブラックホール地平面の「表面積」を「エントロピー」に置き換え、地平面の「重力加速度」を「温度」に置き換えれば、見事に熱力学の法則がブラックホールの法則に対応することを確認する（表１）。しかし、温度の正体が不明だった。熱力学では温度がある物体はエネルギーを放射する。それに対してブラックホールは何でも吸い込む物体である。何も放射することはないはずだから、この対応の意味するものは不明だった。

ブラックホールは放射して蒸発する

60年代末には、宇宙の始まりを量子論的な振る舞いを取り入れて研究しようとする流れが始まっていた。曲がった時空での量子論はどうなるのか、という研究である。ペンローズが、ブラックホールからエネルギーを取り出せる、としたアイデアを出したこと（165ページ）をもっと量子論を含めて扱うと、カー・ブラックホールは、自発的にエネルギーを放射すること（超放射現象）が知られていた。

何でも吸い込むはずのブラックホールが、エネルギーを放射するとは、読者は騙《だま》された印象を受けるかもしれない。しかし、この議論は前提条件が違う話なのだ。「何でも吸い込む」

というのは、一般相対性理論だけを使った話である。宇宙に存在する巨大なブラックホールであれば、この前提は正しい。しかし、ミクロなスケールの物理学では同時に量子論を考えなければならない。そこで、小さなスケールのブラックホールを考えたとすれば、周囲の物質場の量子論が影響してくると考えられる。普通の物質の量子論が重要になるのは原子核スケールである。その程度の大きさのブラックホールを考えたら、「ブラックホールはエネルギーを放射する」のだ。さらに小さな「**プランク長さ** 10^{-33}cm 程度」のスケールでは、(これは原子核の大きさを１００メートルに拡大した世界で原子核の大きさを考えるくらいの小さなスケール）時空そのものの量子論を考える必要が生じる。そうなるとブラックホールの定義も変わると思われるが、まだそのような量子重力理論は完成していないので、まったく不明である。とりあえず研究者は、量子論的な振る舞いがどうなるのか、という研究を、小さなブラックホールを考えて計算しているのである。もっとも、ここでのエネルギー放射は、事象の地平面のすぐ外側からの放射であるので、これまでの議論を破っているものではない。

量子論的な効果を考えたホーキングは、「ブラックホールは、実際に熱輻射として粒子を放出していて、その結果が温度を示している」とする考えを発表した（74年）。１・２節で、高温物体から出る光のエネルギーは温度によって分布が決まること（黒体輻射）をみたが、それと同じ現象がブラックホールにも当てはまる、というのだ。ホーキングの計算によれば、ブラックホールの温度は質量に反比例する。つまり、小さなブラックホールほど大きな温度を持つことになる。この熱輻射を**ホーキング放射**と呼ぶ。

さらに、小さなブラックホールほど、どんどん粒子を放出してエネルギーを失うことを考えると、最終的にはブラックホールは爆発的に「蒸発」することになる！　これが、ホーキングの「ブラックホールの蒸発」理論である。ただし、ブラックホールが蒸発するまでの時間はとても長い。宇宙年齢程度で蒸発をするようなブラックホールの大きさを計算すると、小惑星程度の質量（10^{15}グラム）になる。もし、宇宙初期に、この大きさのブラックホールができていたら、現在蒸発の瞬間を迎えることになる。はたしてそのようなブラックホールがあるのかどうかは不明だが、もし、１０００トンのブラックホールが1秒間で爆発的な蒸発で消滅すれば、そのエネルギーは、高エネルギー宇宙線（ガンマ線バースト現象）として観測されるのかもしれない。今までにそのような証拠はないが、その可能性が否定されているものでもない。

「ブラックホール蒸発」を予言する論文は76年に『ネイチャー』誌に発表されて、世界中の研究者を仰天させたが、ホーキングは、この論文をはじめ他の学術誌に投稿して掲載拒否されたことを著書で語っている。それほど、当初は、物理学者には受け入れがたい結論だった。

4・14　ホログラフィック原理の登場

ブラックホールの蒸発理論は、量子重力理論を構築する際の重要なヒントを与えてくれることになった。

情報喪失のパラドックス

ホーキング放射やブラックホール蒸発は、現象としてはまだ確認された事実ではない。しかし、物理的考察の自然さから、研究者は、もっともらしい結論と考えている。

ホーキング放射の理論では、「情報喪失のパラドックス」と呼ばれる問題がホーキング自身によって提起され、30年に及ぶ論争が起きた。ブラックホールの脱毛定理（173ページ）によれば、ブラックホールは物体を飲み込んで、すべての情報を失わせる。しかし、ブラックホールがエネルギーを放射して、徐々に蒸発していくならば、その蒸発の過程で情報を取り出すことができるのかどうか。ホーキングは「ブラックホールで情報は喪失する」と75年に主張した。だが、そう考えると物理学的には因果関係がつながらないので困難が生じてしまう。これがパラドックスとされた。

超弦理論の創始者の一人であるサスカインドは、ホーキングの考えに真っ向から対立した（彼は『ブラックホール戦争　スティーヴン・ホーキングとの20年越しの闘い』〈日経ＢＰ社、２００９〉と題した本で、その一部始終を解説している。なお、闘いは物理学上の論争だけで個人的には親しい仲だ、と本で述べている）。

超弦理論は、量子論と一般相対性理論をまとめる理論の候補として多くの研究者が取り組んでいる理論である。超ひも理論とも呼ばれるが、素粒子を点粒子とみるのではなく、いろいろなモードで振動する小さなゴムひものような存在と考える。ギターやピアノで一つの音を奏でると、その上にたくさんの倍音が発生するが、超弦理論では無数の倍音モードがそれぞれ異なる素粒子に対応する。超弦理論の弦の長さは、プランク長さ程度である。

サスカインドは、ブラックホールに落ち込んでいる人（地平面を横切って、有限時間で特異点に到達する人）を遠方から見ると、無限の時間をかけて地平面に近づいていくように見えることに注目した。オッペンハイマーとスナイダーが発見した、重力崩壊における座標系の取り方の違いで発生する時間差問題である（１４３ページ）。無限の時間をかけて地平面に近づくということは、地平面近くでの物質は動きを止め、超弦理論の立場で見ると弦の振動が静止して広がって見えるようになる。重力崩壊で多くの物質が地平面に集積してくると、プランク長さの弦が何重にも重なり合って事象の地平面を覆い尽くす。事象の地平面は「拡張された地平面」として多くの情報を抱え込む。そしてこれらの情報が熱放射で外に放出されることになるので、情報は失われずに保存する。これがサスカインドの考えである。

ただ、重力崩壊する星の表面の人は有限時間で地平面を通過するのも真実である。情報が地平面に蓄積する、というのと、情報が地平面内に落ち込んでゆくという双方の立場を正しいと考えることは矛盾するのではないか。サスカインド自身も悩んだが、彼はどちらも真実だとしてこれを「ブラックホールの相補性」と呼んだ。相補性という言葉は、量子力学の基礎を創ったボーアが、光の持つ粒子性も波動性もどちらも正しいとして使った言葉でもある（114ページ）。外部から見る人とブラックホールへ落ち込む人の二人は因果的に隔離されていて、双方の結果を互いに見せ合って比較することができない以上、矛盾にはならない、という考えである。

彼の示唆を受けたセンは、数学的に扱いやすい「限界ブラックホール」（最大電荷を持つブラックホールで、ブラックホール蒸発が発生しない）モデルを用いて、事象の地平面のエントロピーを計算し、ブラックホール熱力学で予想されていたエントロピーの式が、超弦理論によって予言される情報量（弦の状態数）と正確に一致することを示した（95年）。この一致は、超弦理論がブラックホールと矛盾しないことを示す確かな状況証拠を与えた。センの扱ったブラックホールは特殊な場合だったが、ストロミンジャーらによって広い条件のものへ拡張されたり、超弦理論におけるホーキング放射の説明への仕事へとつながることになった。

ホログラフィック原理

ホーキングとサスカインドの闘いを終結させたのは、トフーフトが提唱し、サスカインドによって精密な理論に発展した**ホログラフィック原理**である。

読者も一度は見られたことがあると思うが、2次元のシートに3次元の像を写し込むホログラムという方法がある。ホログラムのしくみは光の波の干渉縞を記録することだ。3次元の物体に光を当てたときの反射光と、直接の光を重ねてできる干渉縞（波が強め合ったり弱め合ったりした記録）のシートを作る。このシートに同じ方向から光を当てると、3次元の像が浮かび上がるという原理である。このホログラムは、3次元の情報を2次元に圧縮して記録していることになるが、超弦理論の研究から、重力の理論にも似たような性質があることが提案されていてホログラフィック原理と呼ばれている。

熱力学でのエントロピーは、体積に比例する。しかし、ブラックホールのエントロピーは体積ではなく表面積に比例している。このことから、重力の理論で許される状態数を数えると、あたかも次元を一つ低くしたような特徴がみられることになる。この考えを拡張して生まれたのが「d＋1次元時空の重力理論は、d次元の重力を含まない場の理論と等価である」という発想である。この推測をホログラフィック原理という。ここでd次元という表現をしたが、我々の感じる3次元空間（時間を含めて4次元時空）を超える次元の時空のことを**高次元時空**あるいは**余剰空間**という。超弦理論では、9次元空間が時間発展している（10次元時空）と考えれば数学的に満足できる形式になることから、高次元時空を考えることは自然のことである（90年代、超弦理論に革命が起きて、それまで5つあった別々のモデルが、11次元の空間を考えれば同じモデルを表していることが明らかになった。この究極の統一理論をM理論と呼ぶ。Mはmotherの頭文字だったりmysteryの頭文字だったり、いろいろな説がある）。

ホログラフィック原理が成り立つ代表的な例として、マルダセナが「AdS/CFT対応（エーディエス・シーエフティ対応）」を98年に提案した。AdSは反ド・ジッター（anti-de Sitter）時空のことで、負の宇宙項がある時空のこと（宇宙項は5・3節参照）、CFTは共形場理論

(conformal field theory) のことで、長さのスケールを定数倍変化させても変わらない場の理論のことを指す。電磁気の理論のように、質量のような次元をもつパラメータを含まない理論は共形場理論である。マルダセナは「d＋1次元時空の反ド・ジッター時空での（量子）重力理論は、d次元の共形場理論と等価である」と予想した。時空の対称性の自由度と理論の対称性の自由度が合うことが根拠である。例えば、4次元のゲージ理論で複雑で解けないような問題があっても、それは5次元の超弦理論（あるいはもっと大雑把に一般相対性理論）と等価であるので、5次元の重力理論を考えればよい、という主張である。

その直後から、AdS/CFT対応が成り立つ例は数多く発見された。原子核物理学（クォーク・グルーオン・プラズマの輸送係数、電気伝導度など）、量子もつれ状態のエントロピーの定義などのほか、最近では温度の影響を加味した量子論、さらには超伝導体への応用などさまざまな分野での対応が議論されている。基礎的なメカニズムについては依然として十分に理解されているわけではないが、今後、ブラックホールを研究することが、超伝導研究にも役立つようになるとは、とても魅力的である。

4・15　高次元ブラックホール

AdS/CFT対応が提案されたのと同じ90年代の終わり、もう一つ、一般相対性理論の研究者を刺激するパラダイムの提案があった。**ブレーンワールド**である。ブレーンとは英語の膜(membrane)を意味する。我々のいる4次元時空は、実はもっと高次元の世界の中にあり、その中に漂う膜のような4次元世界なのではないか、というアイデアだ。

ブレーンワールド

アインシュタインが一般相対性理論を提唱した直後から、我々の本当の空間次元は3次元ではなく、もっと高次元なのではないか、というアイデアはあった。重力が時空の幾何学として表現されるのならば、例えば電磁気学もそうではないのか、という考えも当然浮かぶ。

その先駆けとして、重力と電磁気力を統一する目的で5次元時空を仮定する理論が、カルツァ・クライン理論である。1921年にカルツァによって提案され、そして26年にクラインによって補強されたものだ。

我々は5次元目を感じないのに、こんな理論を信じてよいのだろうか。これにはトリックがある。「5次元目のスケールが小さいから」というコンパクト化と呼ばれるトリックだ。例えば、吊《つ》り橋を遠くから見ると吊り橋のロープは1次元のひものように見える。しかし近づいて見てみると、太さのある3次元の物体である。このように、余剰次元が実次元より小さければ、見えなくなってしまうことが考えられる。このアイデアは、超弦理論でも受け継がれている。10次元時空のうち、何らかのメカニズムで6次元分がコンパクト化されて、我々の4次元時空を作っている、という考えである。

90年代に入り、超弦理論では「1次元状のひも」の他に「2次元以上の膜」も構成要素として含まれることが明らかになった。そしてM理論の考え方が登場し、もう1次元あげた11次元での理論の統一が進む。そうなると、超弦理論は、11次元の時空の中の10次元時空で、我々の世界はさらにその中の4次元時空ということになる。6次元分がコンパクト化されていると思えば、我々の世界は5次元時空中の4次元時空ということになる。このような考えをブレーンワールドという。

ブレーンワールドの考えとカルツァ・クライン理論の違いは、5次元目の大きさの扱いである。カルツァ・クライン理論では小さな5次元目を考えた。これに対して、ブレーンワールドでは5次元目は必ずしも小さくなくてよい。重力だけは幾何学的な実体として5次元目の空間に飛び出せるが、それ以外の力とすべての物質は、4次元の膜（ブレーン）に封じ込められていると考える。そうすれば、物理学に登場する基本的な四つの力のうち、重力だけが他の三つの力（電磁気力、弱い核力、強い核力）に比べて極端に弱いことも自然に説明できることになる。

アルカニハメドらは、このようなブレーンワールドを考えたとき、余剰次元の大きさは0・1㎜程度でよいということに気がついた。素粒子のレベルから考えると、とてつもなく「大きな余剰次元」である。0・1㎜という数字は、万有引力の法則（図3、27ページ）の実験的検証が1㎜のスケールまでしか確認されていなかったからだ。空間が3次元であれば万有引力は2つの物体の距離の2乗に反比例する力になる。だが、空間が4次元であれば万有引力は距離の3乗に反比例する力になるはずだ。万有引力を確かめる実験は小さなスケールでは難しい（現在では0・1㎜のスケールまで確認されている）。0・1㎜程度以下では、距離の3乗に反比例する万有引力である可能性が残されているのである。これは世界の研究者にとって、目からウロコの提案だった。このような大きな余剰次元モデルを、提案者3人の頭文字をとってＡＤＤブレーンワールドモデル（Arkani-Hamed, Dimopoulos, Dvali）という。

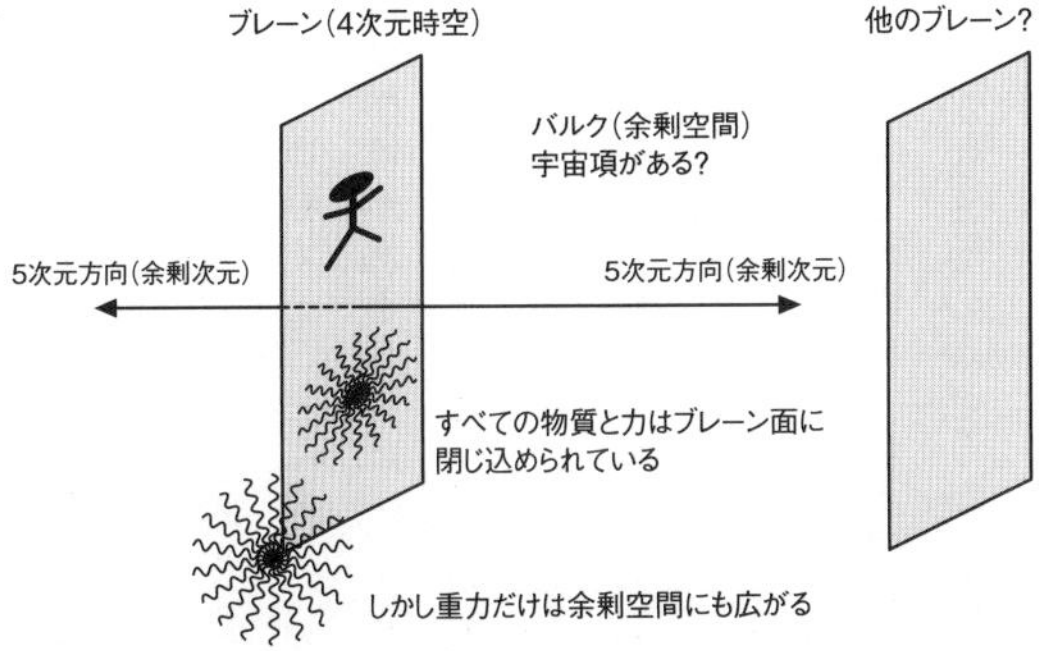

図37　我々は5次元時空中での4次元の膜（ブレーン）にとらわれている、と考えるブレーンワールドモデル。重力だけは5次元目の余剰時空を伝わることができるので、他の力と比べて弱いことが自然に説明できることになる。

さらに、翌年の99年、ランドール（Randall）とサンドラム（Sundrum）は、負の宇宙項がある余剰空間中に４次元ブレーンを考えれば、ブレーン上は平らな時空を作ることができることを発見した（図37）。ブレーンの曲率がゼロとなるならば、我々の宇宙モデルを構築することが可能になる。ランドールとサンドラムのモデル（頭文字をとってＲＳブレーンワールドモデル）を使った宇宙論研究に大ブームが起きた。白水徹也・前田恵一・佐々木節の３名がＲＳブレーンワールドで宇宙論を論じる基礎方程式を導出したこともあり、多くの日本人研究者がこの分野で活躍している。

このモデルは超弦理論から出てくるものではないが、重力を他の力と統合するスケールをこれまでよりもずっと低いエネルギーレベルで実現できる可能性があり、加速器実験でRSブレーンワールドの検証ができる可能性も指摘された。

ブレーンワールドを取り入れた宇宙モデルでは、現代宇宙論の最大の謎である「宇宙の加速膨張」(5・10節)を説明できる可能性が指摘されている。我々の住むブレーンが余剰空間の中で運動することにより、これまでに考えられてこなかった斥力をブレーン上に発生させる可能性があるからだ。宇宙論パラメータを決める天体観測が進んだときに、ブレーンワールドモデルにどのような制限がつけられるのかも精力的に研究が進んでいる。

CERNの加速器がパワーアップされて実験を再開すれば、数年以内にブレーンワールドモデルが検証されていくことになる。万有引力の実験の精度があがれば、モデルにも制限がつけられるはずだ。もしかしたら、5次元モデルは実験で否定されてしまうかもしれない(6次元以上なのかもしれない)。しかし、もしかしたら、人類の世界観を大きく変更することになるかもしれない。我々は5次元時空中の4次元の膜に住んでいる、というパラダイム・シフトが起きるのかどうか、私自身も非常に興味深く、実験結果の報を待っている状態だ。

ブラックオブジェクト

AdS/CFT対応や、ブレーンワールドモデルに刺激され、高次元時空での重力研究が２０００年以降に活発になった。特に、ＣＥＲＮの加速器ＬＨＣで行われる陽子同士の高速衝突では、もし時空が高次元であれば、衝突後の粒子のサイズがブラックホールの地平面以内のサイズになることから、加速器実験でブラックホールが生成される可能性が指摘され、高次元時空でのブラックホール研究が重要になった。

もし、加速器でブラックホールが形成されたとしても、それは陽子スケールの非常に小さなブラックホールである。衝突直後はゆがんだ形のブラックホールかもしれないが、おそらくすぐに重力波（第６章参照）を放出して平衡状態になるだろう。そして、ホーキング放射をして１秒もしないうちに蒸発していくにちがいない。加速器実験ではホーキング放射があれば観測できるはずだし、重力波を放出するならばそのエネルギーはブレーンの外・余剰空間へ逃げ出すはずだ。全体のエネルギーが余剰次元に抜けていくことがわかれば、高次元時空の証拠が得られることにもなる（このシナリオを知って、一般の方からは、危険なブラックホールを作らないようにＣＥＲＮの実験への反対運動も起きたようだ。ＣＥＲＮは記者会見を開いてホーキング放射を説明した。安全宣言も出している）。

高次元でのブラックホールは、4次元時空でのいろいろな定理が成り立たないことがわかってきた。例えば、高次元時空では4次元のときと同じように球対称ブラックホール（4次元ではシュヴァルツシルト・ブラックホール）も軸対称ブラックホール（4次元ではカー・ブラックホール）も存在する。4次元では両者とも安定なことが示されたが、高次元では回転しているブラックホールの安定性はまだ確かめられていない。高速に回転すると不安定になるだろうとも予想されている。

5次元時空では無限に細長い、ひものようなブラックホール解が存在できて、ブラック・ストリングと呼ばれている。しかし、ブラック・ストリングは長波長の摂動に対して不安定であることが以前から知られていた。この不安定となったブラック・ストリングは最終的にどのような形になるのか（分割するのかしないのか）は、まだ決着がついていない。

高次元では空間の自由度が増えるために、さまざまな形のブラックホール解が存在することもわかった。5次元ではドーナツ型の地平面を持つブラック・リングが存在する。地平面内の回転とドーナツ全体の回転がバランス良くつり合って定常となる解が存在するのだ。遠方から見ると、一つの回転ブラックホールと同じ質量と角運動量を持つ場合があり、区別ができない（つまり唯一性定理が成り立たない）こともわかった。ドーナツ型ブラックホールの安定性はまだ不明である。さらに別の解として、中心にブラックホールがあってその周りにドーナツ型のブラックリングがあるもの（ブラック・サターン、サターンは土星の意味）、リングの外側にさらにリングがあるものなど、奇妙の形のブラックホール解が存在することもわかってきた。これらをすべてまとめて、**ブラック・オブジェクト**と呼ぶようにもなった。

これらのブラック・オブジェクトは、まだまだ不明な点が多く、今後数値シミュレーションを使った研究が必要とされている。また、ブレーンワールド上のブラックホールについても不明な点がたくさん残されている。これらは、ブラックホール研究のこれからのテーマとなっていくことだろう。

4・16　ブラックホールを直接見ることはできるか

本章の締めくくりとして、観測される現実のブラックホールの話に戻ろう。

4・9節では、「はくちょう座X—1」を代表とするブラックホール（太陽質量の数十倍の恒星が燃え尽きた後にできるブラックホール）と、我々の銀河の中心にある「いて座A＊」を代表とする大質量ブラックホール（太陽質量の数百万倍）を紹介した。どちらもブラックホール「らしい」天体がある、という状況証拠であり、直接「光を出さない」天体を観測したわけではない。ブラックホールの周りにできる降着円盤が光っていたり、周囲を回る星の運動から狭い領域に大きな質量があることを見積もった、というだけである。ブラックホールを直接撮像することはできるのだろうか。

ブラックホールは非常に小さい天体である。太陽質量のブラックホールならば、半径（シュヴァルツシルト半径）は3キロメートルでしかない。天の川銀河の中心にある「いて座A＊」は太陽の420万倍の質量と見積もられているが、そうだとすれば半径は1.2×10^{10}kmで、水星の軌道半径より小さい程度だ。しかし、「いて座A＊」は、地球から2万6000光年離れているので、ブラックホールの見かけの角度は差し渡し50マイクロ秒角（角度1度の3600分の1が1マイクロ秒角）となる。これは、月に1円玉を5枚置いたものを見分ける解像度である。はくちょう座X—1では距離は近いが小さいために、ブラックホールの大きさは0・1マイクロ秒角以下となってしまう。したがって、最も観測しやすいターゲットは、天の川銀河の中心にある「いて座A＊」だとされている。

現在の天文学で使われている望遠鏡の解像度は、ハワイのマウナケア山山頂にあるすばる望遠鏡で0・2秒角、宇宙空間にあるハッブル宇宙望遠鏡で0・05秒角である。地球上の大きなパラボラアンテナの電波望遠鏡を複数台と宇宙に打ち上げた電波望遠鏡を同時に使って仮想的に大きな電波望遠鏡とするスペースＶＬＢＩで達成した解像度は１００マイクロ秒角で、残念ながらわずかに及ばない。今の時点で、我々は直接ブラックホールを撮像することは難しそうだ。将来計画に夢をつなぎたい。

映画『インターステラー』に描かれたブラックホール

ブラックホールを間近に見たら、どのように見えるのだろうか。

２０１４年に公開された映画『インターステラー』は、地球を離れて、新たな居住可能惑星探索を行うというＳＦであるが、この映画に描かれるブラックホールやワームホールは、一般相対性理論から計算される映像を用いた、ということでも話題になった（物理学者ソーンが、科学コンサルタント兼製作総指揮として名を連ねている）。この映画で描かれたブラックホールの画像（図38、２１２ページ）を用いて、実際に近くにブラックホールがあったとしたら、どのように見えるかを考えてみよう（この映画で使われたコンピュータ・グラフィックスの詳細は、論文として出版されている）。

はくちょう座Ｘ―１の想像図（図30、１６０ページ）でみたように、天体を飲み込むブラ

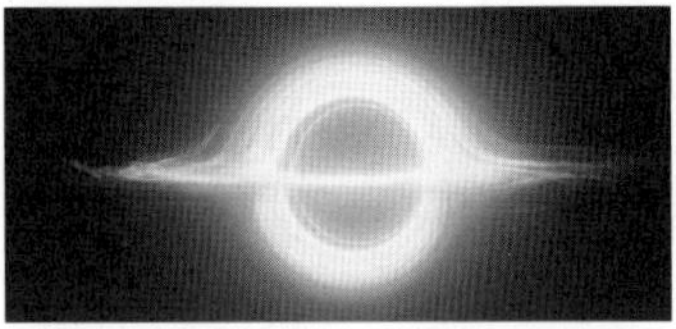

図38　映画『インターステラー』に描かれたブラックホールのコンピュータ・グラフィックス。論文（引用文献欄参照）より引用。

ックホールの周りには、破壊された天体がガスとなって降着円盤を形成する。角運動量の保存則から、内側ほど高速で回転するようになり、ガスを作る分子同士が衝突して明るく光る。そこで、ガスの円盤がブラックホールを取り囲んでいる状況を考えよう。

円盤はブラックホールの赤道上を土星の輪のように回転する。高速で回転しているので、円盤の左右では、遠ざかるガスと近づいてくるガスの運動の違いから、特殊相対性理論の効果とドップラー効果により、明るさと色に違いが出る。近づいてくるガスは青方偏移して実際よりも明るく見え、遠ざかっていくガスは赤方偏移して実際よりも暗く見えるはずだ。図38では右端の方がわずかに暗いので、円盤は反時計回りをしていることになる。

さらに一般相対性理論による重力レンズ効果がある。後ろを回る円盤の光がブラックホールによって曲げられて、ブラックホールの上下にリングが見えるようになる。ブラックホールの回転の効果を加えると上側の方が強い光となって我々の目に届くことになる。また、ブラックホールの重力によって内側ほど赤方偏移する。こうして得られた図が図38である。おそらく、天の川銀河の中心の大質量ブラックホールもこのように見えるのでは、と期待される。

ブラックホールを直接撮像することは、現在ある望遠鏡では無理そうだ。しかし、実はまったく別の手段で直接「見る」方法が計画されている。**重力波**を使う方法だ。ブラックホールが形成される瞬間に放出される重力波は特徴的な波形を出すので、重力波を直接検出できれば、ブラックホールの存在を確かめることができることになる。この話は詳しく、第6章で紹介したい。

ブラックホール研究の現状

本章のまとめとして、現在の研究状況をまとめておこう。

長い年月がかかったが、ブラックホールの存在は広く信じられるようになった。

天体現象としては、巨大な星が重力崩壊してできるブラックホールと銀河の中心にある超大質量ブラックホールの存在が確実である。どちらも状況証拠でしか観測されておらず、ブラックホールを直接観測する時代がもうすぐ来ることが期待される。

4次元時空のブラックホールは、唯一性定理からカー・ブラックホールに限られる。そのため、観測と関連させる研究は、ブラックホールの周りの天体の運動やガスの降着円盤モデルなどカー解を用いたシミュレーション研究が進められている。

理論面では、ブラックホール熱力学の発見を契機に、ブラックホールは相対性理論と量子論との融合理論の試験場となった。高次元時空でのブラックホールを解析することが、複雑な場の理論の解析につながる、とするホログラフィック原理が提唱され、他の物理学との橋渡しとなる様相を見せはじめている。また、我々のいる4次元時空を高次元時空中の膜としてとらえるパラダイムも出現し、素粒子加速器の実験で微小サイズのブラックホールが形成される可能性も指摘されている。高次元時空でのブラックホール研究はこれからますます盛んになるだろう。

［第5章］

宇宙論で見る100年

ガリレイが天体望遠鏡を発明して月や木星を観測し始めて以来、天文学者たちは宇宙をできるだけ遠くまで観測しようと努力していた。宇宙全体がどのような構造になっているのか、そしてどのように進化してきたのか、という学問を宇宙論という。天文学者たちが観測して得られたデータに、物理的な考察を加える分野である。一般相対性理論を用いた宇宙論を相対論的宇宙論というが、本章では、宇宙の構造について物理学者たちが右往左往してきた過程を辿《たど》ってみよう。

5・1　一般相対性理論誕生前の宇宙論

ニュートンは、万有引力の法則が、宇宙における物質分布を決める重要な要素であると気づいていたが、同時にその弱点にも気づいていた。宇宙全体を星が一様に（まんべんなく）分布しているとすれば、その宇宙は不安定である、という点だ。どんな星も互いに引き合って引力を及ぼし合うのならば、はじめに星々が静止していたとしても、どれか一つが動き始めれば、バランスが崩れ、互いに動き始めてしまって止める力がない。宇宙ははじめに完璧にバランスが取れた状態から始まらなければならないのである。これは謎だった。

アインシュタインが一般相対性理論を創りあげる頃（１９００年から20年頃）、天文学者たちは、銀河系の構造がどうなっているのかを論争していた。銀河系は直径30万光年の大きさで太陽系がその縁にあるというシャプレーのモデルと、銀河系は直径３万光年で太陽系がその中心にあるというカプタインによるモデルの論争に決着がついていなかった（現在の観測では、銀河系は直径10万光年で、太陽系は銀河系の中心から２万６０００光年の距離にある）。天体の距離を決める手段はまだ確立しておらず（これは現在でも完全に確立した、とは言えないが）、超新星爆発のメカニズムも、星の明るさに星間ガスによる吸収があることも知られていなかったため、隣の銀河であるアンドロメダ銀河までの距離も65万光年か１００万光年かで論争が起きていた。

数学者たちは、19世紀の中頃までに、非ユークリッド幾何学を構築していた。１９００年に、シュヴァルツシルトは、天体の観測から宇宙がどの程度の曲率を持つのかを調べているが、宇宙の曲率半径は２５００光年以上である、ということがわかった程度であった。宇宙空間の幾何学と、重力の理論はまったくの別物だった。

5・2　宇宙原理

宇宙全体の構造を考える上で、最も妥当な仮定は何だろうか。誰しも、人間が宇宙の中心にいるわけではないと考えることに異存はないだろう。この考えを宇宙原理と呼ぶ。我々の太陽系は、天の川銀河の中では、典型的な恒星の一つだと考えるのが妥当だろう。さらに、天の川銀河も数ある銀河の中の一つにすぎないはずだ。我々が特別な位置にいるわけではないことは明らかだと思われる。

そこで、この仮定を、物理用語で言い換えると、

宇宙原理　宇宙は巨視的なスケールでは空間的に**一様**（homogeneous）かつ**等方**（isotropic）である、すなわち宇宙空間のすべての点は本質的に同等である。

となる。一様であるということは、宇宙は空間的にでこぼこがない、ということである。等方であるということは、宇宙はどちらを向いても同じである、ということである。

星がある場所とない場所がある以上、空間は一様ではない。太陽系という構造があり（太

陽系の大きさは冥王星まで約50天文単位、光の速さで約7時間、太陽系の隣の恒星までは約4万光年の距離)、銀河系という構造があり〈我々の銀河系〈天の川銀河〉の隣の銀河系は、アンドロメダ銀河で、距離は230万光年〉、その外側には銀河団という構造がある。銀河団は泡やフィラメントのような大規模構造を作っているので、必ずしも一様ではない。だが、それらの構造を全部平均化してしまい、宇宙はまずは一様と考えてよいのではないか、とするのが宇宙原理である。

これは空気が、窒素分子や酸素分子から構成されていて、実は空間的には密度の凹凸があるのにもかかわらず、巨視的にはどこも同じだと仮定してよいことと同じである。

観測が進んだ現代では、本当に、この宇宙原理が出発点でよいのかどうかは再考するときなのかもしれないが、一様・等方な宇宙モデルが宇宙論のスタート地点として「標準モデル」であり続けることには疑いがない。

5・3　宇宙項の導入——宇宙は未来永劫不変なもの

1915年、一般相対性理論を導いたアインシュタインは、オランダのライデンを訪問した際、天文学者ド・ジッターと議論するうち、自らの方程式を使えば宇宙全体の構造を表現できることに気がついた。

17年にアインシュタインが発表した『宇宙論的考察』と題された論文では、冒頭で、ニュートン力学で宇宙を考える際の問題点として無限遠での境界条件を挙げている。普通は、無限遠での位置エネルギーをゼロとする。これは、トランポリンの膜は周囲の固定されているところでは傾きがなく水平である、と仮定することと同じである。しかし、トランポリンの膜全体に物体を載せることを考えるなら（宇宙全体に星が一様に分布しているのなら）、この仮定は矛盾する、と考えた。

そこで、「宇宙項」を導入することになる。宇宙全体にまんべんなく物質が存在して、しかもニュートンが気づいていた謎（重力の作用で宇宙が不安定になること）を解決するためには、万有引力に相殺する力が必要になる。そこで、アインシュタインは、「宇宙定数」という定数の自由度が、重力場の方程式（図19、79ページ）に抜けていた、として方程式を修正することを提案した（図39）。

宇宙項（宇宙定数）の導入は、「万有斥力」を導入したことと同じである。アインシュタインは、この項は、太陽系では無視できるほど小さいが（そうしないと、水星の近日点移動の

アインシュタイン方程式（宇宙項を追加）

$$R_{\mu\nu}-\frac{1}{2}g_{\mu\nu}R+\underline{g_{\mu\nu}\Lambda}=\frac{8\pi G}{c^4}T_{\mu\nu}$$

空間のゆがみ　　宇宙項　　物質分布

図39　アインシュタインは宇宙が膨張・収縮しないように、自身が得た重力場の方程式（図19）を修正する。宇宙定数Λを導入し、宇宙項が追加された（1917年）。

説明と矛盾してしまう）、宇宙全体では大きな力となる、と説明した。そして宇宙項があれば、有限な大きさの空間になる（閉じた宇宙という）ので、無限遠まで広がる宇宙の境界条件を心配することもなくなる。

アインシュタイン自身は、これで論理的矛盾のない宇宙モデルができたと考えた（そう論文で断言しつつも、「天文学的に根拠があるかどうかは検討しない」ともコメントしている）。そして、19年には、この宇宙項が、重力場の方程式の積分定数として理論に登場しうることにも気づき、満足した。

おそらく、アインシュタインにとって（あるいは当時すべての研究者にとって）、宇宙は未来永劫《えいごう》不変のものだったのだろう。宇宙には始まりも終わりもなく、さらに宇宙に端があってもいけないと考えたのだ。引力と斥力をつり合わせて、動かない宇宙モデルを作ることが、自ら得た方程式を守ることより優先したのである。

後にゼルドビッチがこの力を「真空の反発力」と表現した（68年）ように、多くの研究者は、宇宙項を一般相対性理論の拡張ととらえている。しかし、ド・ジッターは、直後に「宇宙項は、アインシュタインが打ち立てた一般相対性理論の対称性や優雅さとはかけ離れた概念である」とも批判している。

少し考えればわかることだが、たとえ万有斥力を導入したとしても、その大きさが、ぴたりと万有引力と相殺し合わない限り、力のバランスがくずれ、宇宙は膨張や収縮を始めてしまう。アインシュタインが持ち込んだ宇宙項は、微妙な条件のもとで、何とか一定の宇宙を作るメカニズムとして提案したにすぎず、彼らしくない「小細工」な修正とも言える。

ド・ジッター自身は、宇宙項を批判しつつも世界物質（world matter）と呼び、宇宙項以外に物質が存在しない宇宙モデルを無限遠で閉じていない境界条件で構成した。この解は見かけ上定常な時空を表していたが、後に、ランチョスによって指数関数的に膨張する解としても記述できることが示された（22年）。真空で宇宙項が存在するアインシュタイン方程式の解は、ド・ジッター解と呼ばれることになる（後にインフレーション宇宙モデルが登場し、さらに高次元時空のホログラフィ理論が登場して、ド・ジッターの名前は宇宙項が登場するたびに、繰り返し使われることになる）。

5・4　膨張する宇宙の解

アインシュタインもド・ジッターも真空宇宙の解を求めたことになるが、物質を入れるとどうなるだろうか。

ソビエトのフリードマンは、「宇宙原理＋一般相対性理論＋宇宙全体が1種類の物質で満たされている」とした宇宙モデルを2本の論文で発表した。はじめに得た解は、閉じた宇宙でありながら膨張する宇宙の解（22年）である。この解は膨張後、収縮に転じる振る舞いを示していた。続いて得た解は、負の曲率を持つ場合で無限に広がっていく解（24年）である。ここで、正の曲率・負の曲率とは、それぞれ図16（73ページ）で比較した地球儀の表面・馬の鞍の表面に対応する曲率である（平面で例えるならば、ある点を中心にコンパスで半径rの円を描いたとき、円周の長さが$2\pi r$であれば平らな空間〈曲率ゼロ〉、円周の長さが$2\pi r$より小さければ閉じた空間〈正の曲率〉、逆に$2\pi r$より大きければ開いた空間〈負の曲率〉である）。

フリードマンはチフスを患って25年に死亡したこともあり、彼の先駆的な仕事はしばらく世間に知られなかった。27年になって、まったく同じ解をルメートルが発見し、彼自身がフリードマンの業績を再発見することになる。しばらく後になって（35年）、アメリカのロバートソンとウォーカーが独立に数学的に厳密な形で宇宙原理を定義し、フリードマン・ルメートル型の宇宙モデルは、一様・等方なモデルとして一般的なものであることを示した。今日ではこれらの業績をまとめてフリードマン・ルメートル・ロバートソン・ウォーカー宇宙モデル（以下ではフリードマン解とする）と呼ぶ。宇宙を表す標準モデルである。

フリードマン解の振る舞いは、曲率の正・負・ゼロおよび宇宙項の有・無で、宇宙全体の大きさが時間と共にどう変化していくか、という違いが生じる。宇宙の大きさは方程式上では比率でしか表れないため、スケールファクターと呼ぶ。

代表的なスケールファクターの振る舞いを図40に示す。この図には四つのモデルが記入されている。曲率の値によって、あるいは宇宙項の有無によって、宇宙膨張のしかたが変わっているのがわかる。１の閉じた宇宙の場合は、膨張している宇宙は次第に膨張速度がゆっくりとなり、やがて収縮に転じることがわかる。それ以外のモデルでは宇宙は永遠に膨張を続けてゆく。

フリードマン解では、パラメータの取り方によって宇宙の将来がどのようになるかの運命は変わるが、時間と共に膨張あるいは収縮する解であることに変わりはない。

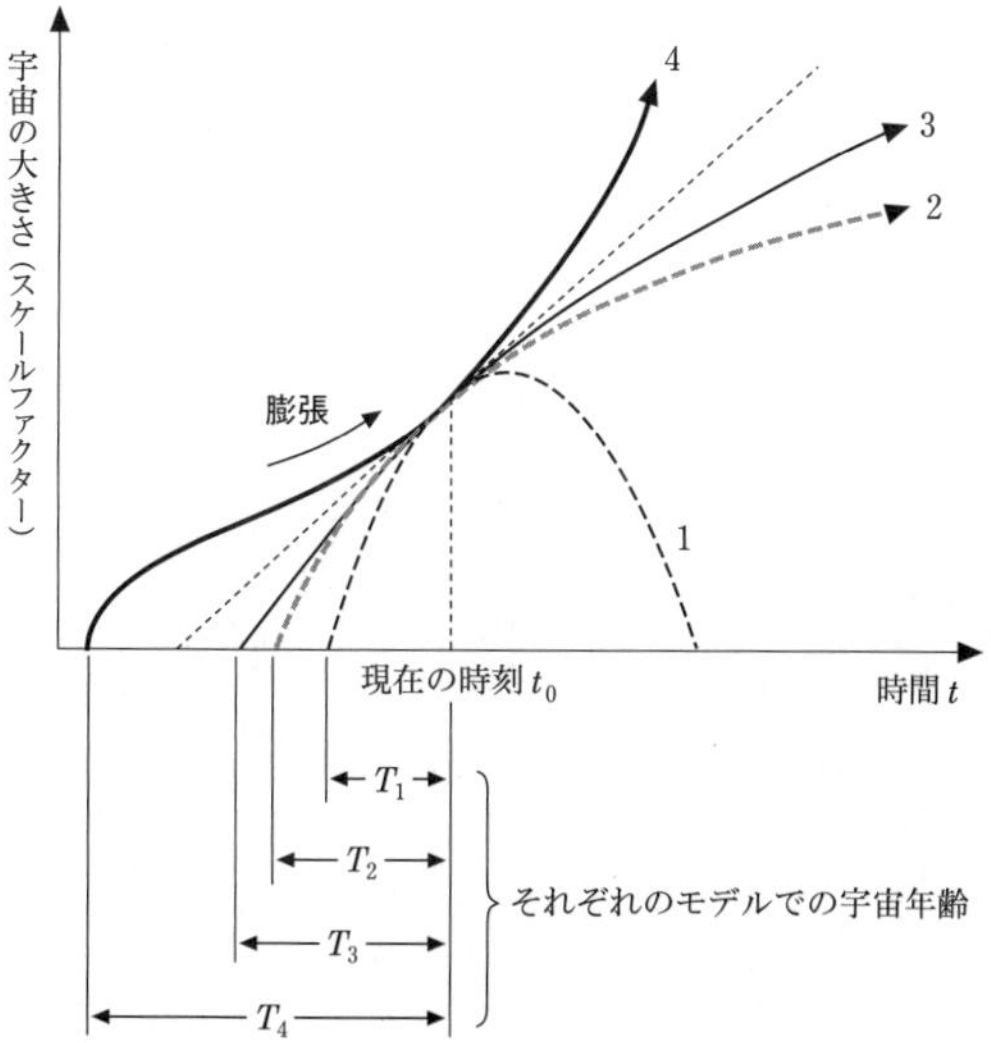

図40　フリードマン解が描く宇宙膨張の時間変化　横軸は時間、縦軸は宇宙の大きさ（スケールファクター）を示す。時空の曲率と宇宙項の有無によって振る舞いが異なる。4つの線は次のモデルに対応する。

1. 閉じた宇宙（曲率が正）で宇宙項なし（$\Lambda = 0$）
2. 平坦な宇宙（曲率が0）で宇宙項なし（$\Lambda = 0$）
3. 開いた宇宙（曲率が負）で宇宙項なし（$\Lambda = 0$）
4. 平坦な宇宙（曲率が0）で宇宙項あり（$\Lambda > 0$）

現在の宇宙は膨張しているので、現在の時刻を t_0 とする。宇宙モデルをどれと考えるかで、宇宙の始まりまでの時間（宇宙年齢）$T_1, \cdots, T_4$ が決まる。最新の観測によれば、現在の宇宙は加速膨張をしている（5.10節参照）ので、図中の4に近いようだ。

このように膨張宇宙の解が数学的に導出されていても、アインシュタインは静的で未来永劫不変な宇宙にこだわった。アインシュタインは、ルメートルに対し、「あなたの計算は正しいが、(こんな解を信じるなんて)あなたの物理的センスは言語道断だ」とまで非難したという。若いルメートルの心境はいかばかりであったろうか。

しかし、決定的な事実が報告され、アインシュタインの考えが間違っていることが判明する。宇宙膨張の発見である。

5・5 宇宙膨張の発見

ハッブルの法則

ハッブルは、我々の銀河の外にもたくさんの銀河があることを発見した天文学者である。星までの距離を測るのは難しい作業だが、ハッブルは銀河の中に、セファイド変光星(周期的に明るさを変える典型的な変光星)を探し、それぞれの銀河までの距離を特定する作業を続けた。24個の銀河について距離を測定したところ、ハッブルは、遠くの銀河にある変光星ほど、赤っぽく見えていることに気がついた。変光星のしくみはどこでも同じと考えれば、光

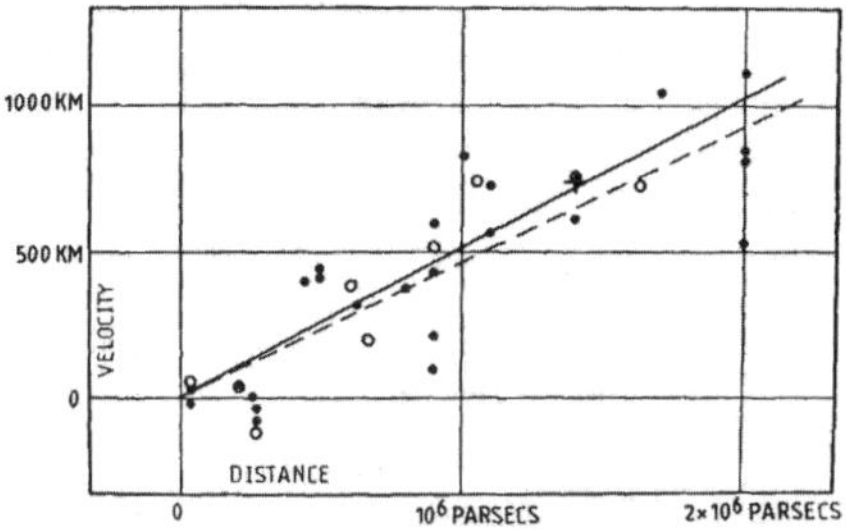

ハッブルの法則

$$v = H_0 d$$

v：後退速度
H_0：ハッブル定数
d：距離

図41　〔上〕ハッブルが1929年に発表した図。横軸は距離、縦軸は銀河の後退速度。このグラフの傾きがほぼ一定になることが、ハッブルの法則である。〔下〕ハッブルの法則。

が赤方偏移しているのは、ドップラー効果と考えられる。「遠くの銀河ほど我々から遠ざかっている」ことになる。

図41は、ハッブルが論文に記した図である。この図から、銀河の後退速度は、銀河までの距離に比例して増加する、という**ハッブルの法則**が発見された。比例定数をハッブル定数という（ハッブルが報告した値は、H_0 = 530km/s/Mpcだった。現在観測されている値よりも7倍以上大きい）。論文の中でハッブルは「この結果はまだ精度の高いものではなく、意味することを詳細に議論することは時期尚早である」と述べているが、「この結果は、ド・ジッターによる膨張宇宙効果を示し

ている可能性がある」とも述べている。

ハッブルの得た結果をいち早く**「宇宙が膨張していることの帰結である」**と認識し、学界に広めたのは(アインシュタインの理論を皆既日食で実証した)エディントンだった。そして、ハッブルが宇宙膨張を実証した、という通説が定着した。この点に関する歴史認識に、最近進展があったので、次に紹介しておこう。

宇宙膨張はハッブルの発見か

ハッブルの論文に先立つこと2年、ルメートルはフランス語で「銀河の後退速度は宇宙膨張によるものだ」という論文を出版していたことが2011年になって研究者間で話題になった。しかもこの論文には、「ハッブル定数」がほぼ同じ値で計算されていた。

ルメートルの論文はほとんど知られていなかったが、1931年に英訳されて英国王立天文学会誌に掲載されている。だが、その際に、ハッブルの業績と重なる部分は故意に訳されずに、すっぽりと抜け落ちていることも指摘された。ハッブル定数の計算に関する式の一部と、本文および脚注がすっぽりと抜け落ちているのである。

ハッブルの宇宙膨張を発見した図は、図41に紹介したが、以前から「これだけまばらな24

個のデータから、よくも宇宙膨張を結論できたものだ」と研究者の間でたびたび話題になっていた。ハッブルの慧眼《けいがん》だ、と説明されることも多かったが、直前にルメートルの業績を知っていたなら理解できる。いろいろな憶測が飛び交うことになった。

２０１１年の最後になって、この騒動に終止符を打つ報告があった。英訳したのはルメートル本人であり、該当箇所を削除したのもルメートルだというのだ（その理由については、依然として不明であるが）。いずれにせよ、ルメートルの業績について再評価が進んでおり、27年の彼の論文の引用件数も増加している。

アインシュタイン「生涯最大の誤り」

遠方の銀河ほど速く遠ざかっている、というハッブルの法則は、我々が宇宙の中心にいることを意味するわけではない。銀河をたくさん描いた風船を想像してほしい（図42、２３０ページ）。風船が膨らめば、すべての銀河間の距離も増えていき、遠方の銀河ほど離れていく速度が速い。つまり、宇宙のどこにいても、銀河の後退速度は遠くにいくほど大きくなる。決して、観測者が宇宙の中心にいる必要はないのだ。だから、宇宙原理に矛盾するものではない。

宇宙膨張が発見されると、フリードマンらの宇宙モデルが現実的なものになる。修正され

図42　遠方の銀河ほど速く遠ざかっている、というハッブルの法則は、我々が宇宙の中心にいることを意味するわけではない。

る前のアインシュタイン方程式が正しかったのだ。実際の宇宙は未来永劫不変なものではなかったのである。さすがに、アインシュタインも自らの考えを改めざるを得なかった。後年アインシュタインは、「宇宙項の導入はわが人生最大の過ち（the biggest blunder）であった」とガモフに語ったという。

5・6　ビッグバン宇宙論

火の玉宇宙モデルの誕生

宇宙が膨張しているとすれば、過去は小さな宇宙だったはずである。宇宙のすべての物質とエネルギーが集まっていて、非常に高温で高密度の状態だったことになる。

原子核物理を研究していたガモフは、宇宙が高温高密度の火の玉の状態だったときに、短時間で元素が合成されていった、という理論を発表した（46年）。さらに、48年には、アルファとベーテと共に、高温高密度の宇宙初期に起こる核反応で、すべての元素が作られるという具体的なシナリオを発表した。**火の玉宇宙モデル（ビッグバン宇宙モデル）**の誕生である。このモデルは、著者の頭文字をとって、$\alpha\beta\gamma$理論とも呼ばれる。もともとベーテはこの論文との関わりはなかったが、語呂合わせのためにガモフが著者に入れたという。ちなみにこの論文は、米国物理学会の学術誌『フィジカル・レビュー』の4月1日号（エープリルフール）に掲載された。

50年には、林忠四郎が宇宙初期の元素合成を支配する陽子と中性子の個数比を素粒子論に基づいて導出している。その後の研究によって、ガモフらがいうように、すべての元素が宇宙初期に合成されるわけではないことがわかってきた。元素は軽いものから順に、水素・ヘリウム・リチウム・ベリリウムと合成されていくが、宇宙膨張によって宇宙の温度が下がるため、それ以降の核反応が生じず、元素合成が止まるのである。

宇宙初期の元素合成は、宇宙誕生後3分で終了する。ベリリウム以降（鉄まで）の元素は、その後、星の内部の核融合反応で作られる。鉄より大きな質量数の元素は、超新星爆発時の高温・高密度状態で作られることになる。

定常宇宙論

ガモフらの火の玉宇宙モデルは、素直に受け入れられたわけではなかった。むしろ大問題を抱えていた。当時のハッブル定数 H_0 の観測値は、H_0 = 500km /s/Mpc で、この観測値から宇宙年齢を求めると、20億年になる。しかし、当時すでに放射性同位体を用いた年代測定技術がラザフォードらによって確立しており、地球の岩石には少なくとも30億年前のものが存在していた。明らかに矛盾である。

そこで48年に提案されたのが、ホイル、ボンディ、ゴールドによる**定常宇宙論**である。火の玉宇宙モデルに対立するモデルとして、長く論争が続くことになる。定常宇宙論は、

> 宇宙は膨張しているが、遠方の銀河では新たに物質が生まれていて、宇宙全体の構造は
> 　時間変化しない

と主張する。宇宙には始まりも終わりもない、とすることで、物理としての理論的破綻は守られ、宇宙年齢の問題も生じない。「新たに物質が生まれて……」とあるくだりは、実際に計算してみると「エンパイアステートビルの容積に、１００年間に原子がたった1個生成するだけで十分」（ホイル）という量になる。

二つのモデルの対立は長く続いた。同じ観測結果に対する主張の違いを表2にまとめる。

	ビッグバン宇宙モデル	定常宇宙モデル
宇宙膨張	宇宙全体が一点からはじまり、膨張を続けている。過去は高温高密度の火の玉だったが、現在は膨張のため、温度が低下した	膨張を続けているが、物質生成が常に行われているので、宇宙の物質密度は一定。宇宙の姿は、過去も現在も不変
宇宙背景輻射	過去の火の玉宇宙の名残りとして5K～7Kで存在するはずだ	存在する必要はない
元素の存在比	元素合成の理論から、軽元素（H、He）の存在比は説明できた。それ以外はまだできていない	（説明せず）
宇宙年齢	宇宙膨張を観測することによって、宇宙年齢が決まる	宇宙は大局的に不変なので、宇宙年齢を考える必要はない
宇宙誕生	宇宙はある時刻にはじまった。しかし、そのメカニズムを説明できない	議論する必要はない

表2　ビッグバン宇宙モデルと定常宇宙モデルの比較（1940年代後半～）。

当初は、定常宇宙論が主流で、火の玉宇宙論は異端だった。ガモフは『不思議の国のトムキンス』などの科学啓蒙書も執筆する科学者であり、ホイルも啓蒙書『宇宙の本質』やSF小説『暗黒星雲』などの執筆を行う作家でもあった。実は「ビッグバン宇宙モデル」の名づけ親はホイルである。ホイルがラジオ番組で「火の玉宇宙」を揶揄《やゆ》して「彼らは宇宙が大きな爆発（ビッグバン）から始まったと言っている」とからかった。この話を聞いたガモフは、逆にこの「ビッグバン」という言葉を好んで使ったため、現在では「火の玉宇宙」モデルは**ビッグバン標準宇宙モデル**と呼ばれている。

60年代になるまでに、銀河の距離測定が改善され、ハッブル定数は、100km/s/Mpcと報告されるようになった。宇宙年齢は約100億年となり、地球の岩石年代測定との矛盾はなくなった。

二つの宇宙モデルを決定的に区別するのは、過去にビッグバンが生じていた名残りが観測できるかどうか、という点だった。かつて宇宙が高温・高密度だったなら、黒体輻射（31ページ）が存在したはずである。その放射は、宇宙膨張と共に引き延ばされ、現在では温度で、5K〜7K（ケルビン）相当のスペクトルを持つと考えられた。つまり、宇宙全体に名残りとして一様な電磁波が行き来しているはずである。ビッグバン理論は、この**宇宙背景放射（輻射）**（cosmological microwave background; CMB）の存在を予言していた。定常宇宙論では、このような放射は存在しない。

5・7　宇宙背景放射の発見

どうしても消えないノイズがある

実際に宇宙背景放射が存在することを発見したのは、ペンジアスとウィルソンだった。偶然の発見だった。65年のことである。

ベル研究所に所属していた二人は、電波通信の妨げとなるノイズの原因を調べていた。電波アンテナを用い、波長７・３５㎝（周波数４０８０Ｍ）のマイクロ波領域で、調べていたところ、どうしても取り除けないノイズがあることに気がついた。二人は当初、アンテナ設備が地上の雑音源を拾っているとも考えた。しかし、ノイズの原因はニューヨークの都市からではなかった。マイクロ波ホーンアンテナを調べると、アンテナに鳩の糞（論文には「白い誘電性の物質」と記している）がたくさん付着していた。二人はそれらを取り除いたがノイズは消えなかった。このノイズは、アンテナをどの方向に向けても大きさが変わらず、昼夜や季節にも変動しなかった。

彼らは、数マイル先のプリンストン大学で、この話をした。驚いたのは、プリンストン大学で天文学を研究していたディッケとピーブルスである。彼らは、（ガモフらの仕事を知らずに）宇宙背景放射の存在を予言し、その観測を行おうと、まさに電波望遠鏡を準備していたところだったからである。

そこで、ペンジアスとウィルソンによる「どうしても消えないノイズが宇宙の全方向から観測される」という論文と、ディッケらによる「この発見は、宇宙背景放射である」という理論的サポートの論文が同時に掲載されることになった。ちなみに、論文でガモフらの業績に触れられていなかったことに対し、ガモフがペンジアスに宛てた手紙がある（図43）。ペ

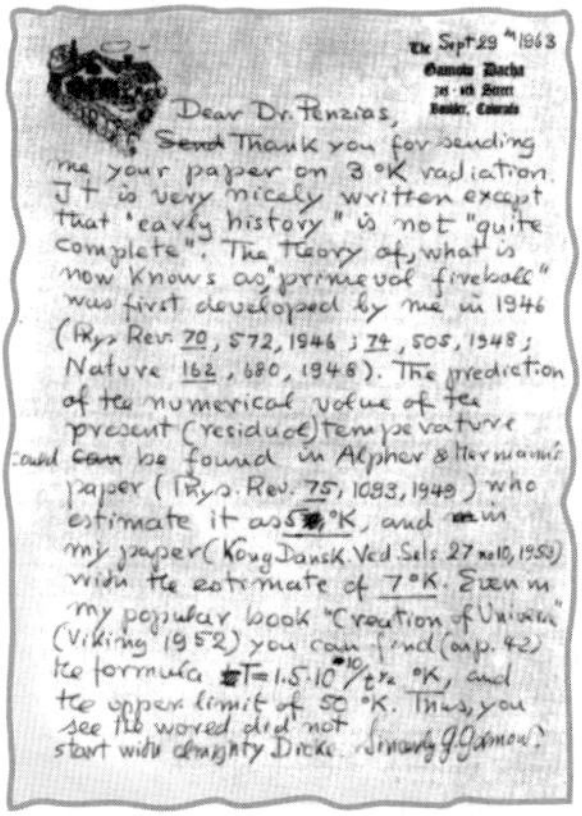

Sept 29th 1963
Gamow Dacha
Boulder, Colorado

Dear Dr. Penzias,
Thank you for sending me your paper on 3°K radiation. It is very nicely written except that "early history" is not "quite complete". The theory of what is now knows as "primeval fireball" was first developed by me in 1946 (Phys. Rev. 70, 572, 1946; 74, 505, 1948; Nature 162, 680, 1948). The prediction of the numerical value of the present (residual) temperature could be found in Alpher & Herman's paper (Phys. Rev. 75, 1093, 1949) who estimate it as 5°K, and in my paper (Kong Dansk Ved Sels 27 no10, 1953) with the estimate of 7°K. Even in my popular book "Creation of Universe" (Viking 1952) you can find (on p. 42) the formula T=1.5·10^10/t^½ °K, and the upper limit of 50°K. Thus, you see the world did not start with almighty Dicke. Sincerely G. Gamow

図43　ガモフがペンジアスに宛てた手紙。「よく書けている論文ですが、初期の歴史が正しくありません。火の玉モデルを最初に提案したのは私です。」ガモフらしくユーモアまじりに書いている。手紙の右上の1963年は、1965年の間違い。

ンジアスとウィルソンは、78年にノーベル物理学賞を受賞した。

　定常宇宙論の支持者らは、この宇宙背景放射に対して「遠方銀河の恒星からの光が散乱されたものではないか」と反論した。実際、ペンジアスとウィルソンが観測した背景放射のスペクトルは、絶対温度にして3・5Kだった。これは、ガモフらが予測していた5〜7Kよりも低く、また、銀河による光の散乱として計算した値2Kの方に近かったからでもある。しかし、その後の観測で背景放射のスペクトルが、宇宙のあらゆる方向から等方的にやってきていること、そして黒体輻射の理論曲線に合致することがわかり、多くの研究者はビッグバン宇宙論を支持するようになった。

　その後、宇宙背景放射は宇宙空間で精密に測定されるようになった。90年代には、宇宙背

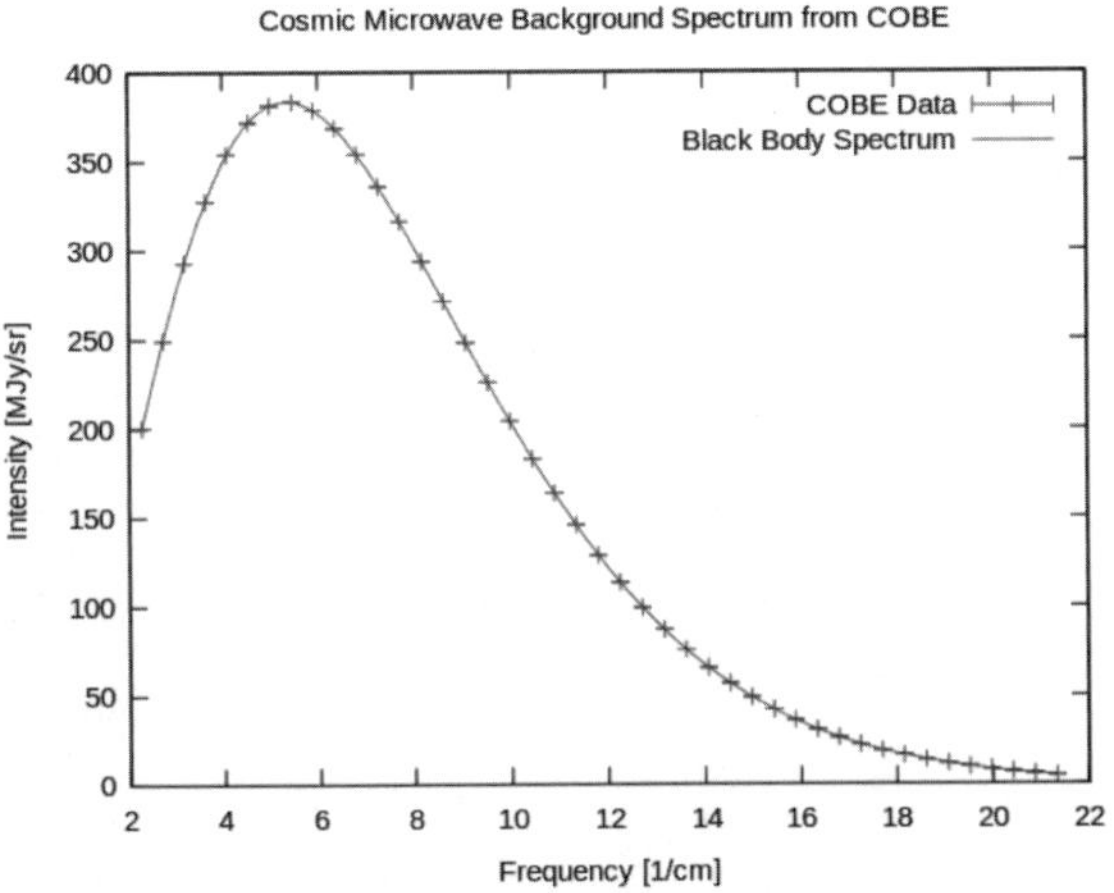

図44　COBE衛星による宇宙背景放射のスペクトルの観測結果（1996年の最終結果）。横軸の単位は1cmあたりの波数。波数5付近（波長1.9mm、160.2GHz）にピークがある。黒体輻射の温度は、2.728±0.004Kであることが示された。この図での誤差の幅は、理論曲線（実線）よりも狭い。

景放射探査機（Cosmic Background Explorer; COBE）による精密な観測で、現在の宇宙は約2・73Kのマイクロ波で満たされていることがわかった。このデータが報告されたのは、私が大学院生のときだったが、あまりに美しい理論通りの黒体輻射のデータ（図44）に、研究者が皆、感動を隠しきれなかったことを覚えている。これほど完璧な黒体輻射のスペクトルを見せられたなら、誰しもが宇宙がかつて高温だったことを信じないわけはない。図44の曲線はそれほどのインパクトを持っている。COBEプロジェクトを組織したマザーとスムートは、06年のノーベル物理学賞を受賞した。

5・8　宇宙の構造形成

宇宙膨張が確かであるとすれば、宇宙のすべてが、一つの火の玉からスタートしたことになる。はじめの火の玉はどうして発生したのかは次の節に譲るが、火の玉からどのように宇宙が構成されていくのかを少し見てみよう（図45）。

宇宙の晴れ上がり

元素合成の理論によれば、非常に高温で高圧の火の玉は素粒子のプラズマ状態のものだった。そして宇宙が膨張を始めると同時に、素粒子たちはだんだんと結合し始める。ビッグバンの始まりから3分間で、

クォークから陽子・中性子・電子へ

そして、水素の原子核へ

核融合でヘリウムの原子核へ

の順で、物質のもとが作られた。そして、3分経過すると宇宙膨張で温度は下がり、これら

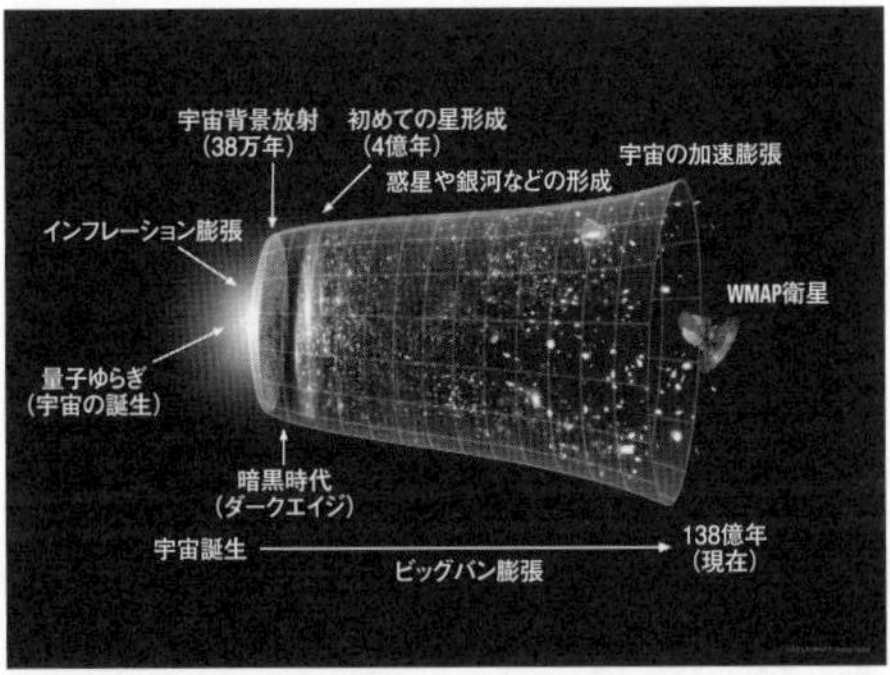

図45　ビッグバン宇宙モデルのイメージ　左側から右側へ時間の流れとともに宇宙が膨張していく様子を示す。宇宙誕生直後にはインフレーションと呼ばれる急膨張を起こす（5.9節参照）。インフレーション後に高温高密度の火の玉宇宙が出現する。38万年後に光が直進できるようになる。電磁波では、この時以降の観測が可能になる。最近では、宇宙は加速膨張をしていることが明らかになった（5.10節参照）。（WMAP衛星のプレスリリース図を改変）。

の核融合は止まり、水素92％、ヘリウム８％の宇宙になる。

宇宙誕生後38万年経つと、宇宙の温度が約３０００Ｋ《ケルビン》に下がり、それまで飛び回っていた電子が、すべて原子核へととらえられるようになる。そうなると、それまで電子に邪魔されて直進できなかった光が、ようやく直進できるようになる。この瞬間を**宇宙の晴れ上がり**と呼ぶ。このときの光が、宇宙背景放射（ＣＭＢ）である。逆にいえば、このときが光で見える最遠方で、このとき以前の宇宙は望遠鏡では探ることができないことになる。

宇宙背景放射の温度は、現在の観測値は２・７Ｋだが、これは宇宙の膨張によってエネルギーが低くなったためである。そして、COBE衛星によって、宇宙背景放射には、10万分の1ほどのわずかなゆらぎがあることが確認された。この時点で、宇宙は100％一様ではなく、少しだけ非一様だったのだ。このわずかなゆらぎが、構造形成の種となって、星や銀河に成長していくことになる。

星の誕生と宇宙の構造形成

ゆらぎがあれば、密度の高い部分が周りのガスを引きつけて、さらに密度を高くしていく。こうしてガスが集まり始め、重力によって縮み、高密度になると核融合が点火する。こうして星ができ始める。

初めてできた星（第一世代の星）は、おそらく太陽の数百倍程度の大きさであろうと言われているが、このあたりは、現在でもよくわかっていない。この時期は**宇宙のダークエイジ**とも呼ばれている（よくわからないものに、ダークなんとかと名前をつけるのが最近流行《はや》っている）。重い星は寿命が短く、太陽より十倍以上重い星は百万から一千万年で寿命が尽きる。燃え尽きた星は超新星爆発を起こし、重元素を合成してまき散らす。第二世代、第三世代と星が世代を重ねるにつれて、重元素を多く含む星が誕生する。太陽は第三世代の星とされている。

重力によって、星は集まって銀河を作り、銀河同士は大規模構造を形成していく。宇宙誕生後10億年後には銀河ができていたことが観測されている。

シミュレーション研究によれば、構造形成が進んで現在の宇宙ができるためには、光輝いている星以外の物質（**ダークマター**）が存在しないといけないことがわかっている（次の項参照）。また、現在の宇宙は、標準ビッグバンモデルで考えられる以上に加速しながら膨張しているらしい（5・10節参照）。この加速膨張を説明することが、まだ成功しておらず、謎のエネルギー（**ダークエネルギー**）と称しているのが現状である。

ダークマター問題

1932年、オランダの電波天文学者のオールトは、我々の銀河系近傍の星の運動を調べていて、銀河面には見えている以上の多くの質量が存在するはずだ、と報告した。翌年には、アメリカの天文学者ツヴィッキーが、かみのけ座銀河団の運動を観測し、同じように、見えている星の400倍もの質量が存在するのではないか、と見積もっている。

この問題を決定的にしたのは、アメリカのルービンである。彼女は、いくつもの楕円銀河

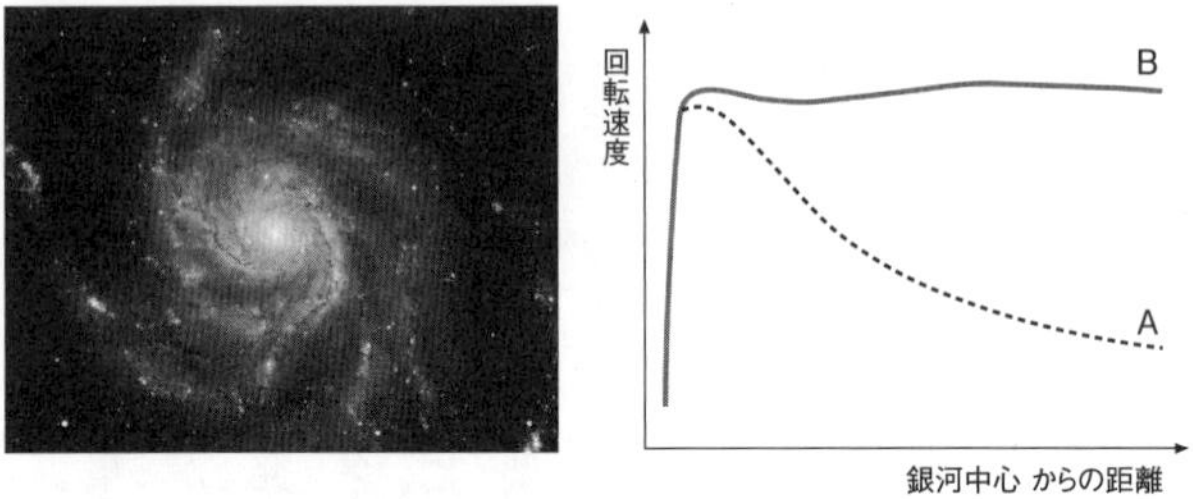

図46 〔左〕楕円銀河 Messier 101 (NGC5457)。〔右〕見えている星の質量から予想される銀河の回転速度は点線のAのグラフ。実際に観測されているのはBのグラフ。Bを説明するためには、ダークマターの存在を仮定するのが自然である。

の回転速度を観測した（70年）。見えている星だけだとすれば、銀河の中心ほど星が密集しているので、銀河の回転速度は中心ほど重力が強くて速くなるはずだった（図46のグラフの曲線A）。しかし、観測結果はまったく異なっていた（グラフの曲線B）。このような曲線（銀河の回転曲線）を説明するためには、光り輝いている星の質量の6倍以上の質量が存在していなければならない。見えていない物質のことを**ダークマター**と呼ぶ。その正体は現在のところ不明であるが、宇宙論を議論する上で、重要な構成要素となっている。

　ダークマターの候補としては、素粒子論と天体物理学からさまざまなものが提案されてきた。宇宙の晴れ上がりのとき（宇宙誕生後38万年のとき）に、運動エネルギーが質量エネルギーを上回っていたものを熱い暗黒物質（hot dark matter, HDM）、そうではないものを冷たい暗黒物質（cold dark matter, CDM）と呼ぶ。現在の宇宙論の本命はＣＤＭ優勢の宇宙である。

素粒子論からのダークマターの候補としては、次のものがある。

・**ニュートリノ**　唯一のＨＤＭの候補。微小な質量を持つことがわかっているが、宇宙全体のダークマターと考えるには不足するし、銀河形成モデルとも合致しない。

・**ニュートラリーノ**　超対称性理論を仮定すれば自然に登場する粒子だが未発見。

・**アキシオン**　温度ゼロの仮想の粒子。

天体物理学からのダークマターの候補としては、次のものがある。

・**ブラックホール・白色矮星・中性子星**　恒星進化の最後の姿だが、どのくらい存在するのかが未知。

・**褐色矮星・惑星**　恒星へなれなかった小さな星。これも存在量が未知。

未知の素粒子を見つけることはダークマターの直接検出にもつながる。神岡の地下施設に約1トンの液体キセノン（マイナス100℃）を用いた検出器が設置され、ダークマターの直接検出実験が始まっている（**XMASS実験**）。

5・9　インフレーション宇宙モデル

ビッグバン宇宙モデルの問題点

宇宙膨張の発見、宇宙背景放射の発見と元素合成の理論の三つから、ビッグバン宇宙モデルは標準的な宇宙論として確立した。しかし、ここまでの話では、以下の問題が未解決なものとなる。

（A）**地平線問題**　なぜ宇宙背景放射は全天で一様に近い温度分布を示すのか。

（B）**平坦性問題**　なぜ現在の宇宙は平坦（曲率が0）に見えるのか。

（C）**構造形成の種《たね》問題**　星や銀河など物質ができるためのゆらぎはどうやって生まれたのか。

（D）**モノポール問題**　宇宙初期の相転移で生じる位相欠陥のうちモノポールはどのように

消滅させるのか。

（E）**宇宙の初期特異点問題**　時刻０のとき、宇宙は密度が無限大の特異点になる。物理的にどうやって説明するのか。

（A）の地平線問題は、因果律の問題である。宇宙背景放射が、宇宙誕生から38万年後、宇宙の晴れ上がりの時期の光であることは先に説明した。このとき宇宙のサイズ（因果関係を持てる領域＝地平線）は、現在のサイズの３０００分の１であり、天球上ではおよそ２度角に相当する。これ以上の角度を超えた場合は、因果関係がないはずなのに、宇宙背景放射は全天にわたり、10万分の１の精度で同じ温度を示している。これはなぜなのか、という問題である。

（B）の平坦性問題は、パラメータが特別な値を取っている問題である。現在の宇宙は、曲率が０に非常に近い値であり、宇宙が極めて平坦であることを示している。しかし、これは不思議なことだ。もし、宇宙が創成時から曲率が０であれば、現在も宇宙は完全に平坦になるが、厳密に曲率が０でなければ現在の宇宙の平坦性の説明は難しい。どのようにして、高い精度で平坦な宇宙が初期にできたのか、という問題である。

星や銀河ができるためにははじめに何らかの物質のゆらぎ（構造形成の種）が必要である。ゆらぎがあれば重力の差が生じ、物質が集まり、星や銀河になってゆくだろう。宇宙背景放射では、10万分の1の大きさで有意な温度ゆらぎが存在している。このようなゆらぎはどのようにしてできたのだろうか。また、現在の宇宙の大規模構造のサイズは宇宙の晴れ上がりのときの地平線サイズよりも大きい。（C）の構造形成の種問題は、この二つの問題である。

宇宙の誕生直後は、高温・高密度の火の玉だったので、初期の宇宙を考えるには素粒子物理の理論が必要になる。素粒子物理学によれば、素粒子の成り立ちは、何回かの相転移を経てできあがってきたと考えられている（相転移とは、物質の状態が変化することである。温度が下がると、水蒸気から水、水から氷、と物質の状態が変わる現象も相転移である。宇宙論では、四つの力の分岐も、宇宙を占める物質の構造変化も、それぞれ相転移という）。相転移によって、違う状態に遷移するとき、必ずしも全体が同じ次の状態に遷移するわけではない。違う領域ができるとき、その境界を位相欠陥という（境界面が1次元の壁のときは「ドメイン・ウォール」という。位相的な特異性が線状のときは「ひも」、点状のときは「モノポール」と呼ばれる）。高エネルギーでの力の大統一理論によれば、相転移現象のときに、モノポールといわれる位相欠陥（topological defect）ができる可能性があるが、現在までに観測されていないのはなぜかというのが、（D）の問題である。

これら右記の（A）～（D）の問題を極めて単純なメカニズムで解決するのが、**インフレーション宇宙モデル**である。もう一つの（E）の問題について、ここで先に若干コメントしておこう。

（E）の宇宙の初期特異点の存在は、ホーキングとペンローズの特異点定理によってきわめて一般的な形で示された（176ページ）。しかし、この定理の前提条件を変えれば、初期特異点が避けられる可能性がある。期待されているシナリオは、一般相対性理論と量子論を融合した量子重力理論（究極理論）の完成である。量子重力ではおそらく無限大が登場しないようになっているにちがいない。

究極理論の構築は、アインシュタインも取り組んだが果たせなかったテーマである。相対性理論は光速が無限大となる極限でニュートン力学を再現し、量子論もプランク定数が無限小となる極限でニュートン力学を再現することがわかっている。だから、究極理論も、何かの極限を取ると一般相対性理論や量子論に戻るような理論のはずだ。まったく新しい理論ではなくて、既存の理論の拡大版のはずだと物理学者は皆考えている。しかし、一般相対性理論を修正すればよいのか、量子論を修正すればよいのか、アプローチの段階から試行錯誤している状況だ。現在までの研究から、究極理論として有力な候補とされているのは、重力の研究者の側から進められている**ループ量子重力理論**と、素粒子の研究者の側から進められている**超弦理論**である。

アシュテカやスモーリンらによって進められているループ量子重力理論は、4次元時空を基本にしていながら、時空そのものに分割不可能な最小単位を想定し、量子論的な扱いを導入するものだ。最近は、このアプローチでもブラックホールのエントロピー（4・13節）を導き出したり、宇宙の始まりでは収縮から膨張へ転じる「ビッグバウンス」の可能性（したがって宇宙初期特異点の存在を回避できる可能性）を論じている。

量子重力のどちらのアプローチもまだ完成されたものではない。地球上のどんな実験装置を使っても究極理論の検証はできない。そこで、数学的に矛盾がないか、論理に不備はないか、より簡単な理論はできないのか、などの研究が続けられている。

インフレーション宇宙モデル

1970年代の終わり、佐藤勝彦は標準ビッグバン宇宙の抱える問題（A）〜（D）を解決する簡単な方法を考えついた。宇宙は「ビッグバン以前に急激な膨張を起こしていた」とするアイデアである。急激に膨張する宇宙のことを経済用語を使ってインフレーション宇宙と呼ぶ（「インフレーション」という日本人には思いつかない言葉を用いたのは、ほぼ同時期に同じモデルを提唱したアメリカのグースである。秀逸な命名のため、インフレーション宇宙論というと、グースの名前が挙げられることが多いが、論文発表では佐藤が先鞭をつけたと言える）。

もともと、佐藤は、超新星爆発で生じるニュートリノの研究のために、素粒子論における相転移現象を勉強していた。素粒子の統一理論では、基本的な四つの力が、重力・強い核力・弱い核力・電磁気力の順に結合定数が変化していく。彼は、この変化を宇宙初期の相転移としてとらえ、力の枝分かれの進化として図47（250ページ）を提唱した。そして、宇宙初期の相転移で何か痕跡が残るかどうかを考え始めた、という。

重力が他の力と枝分かれする大統一理論のレベル（図47中の第1の相転移）を考えると、真空が対称性を持って、高エネルギー状態になっていたことになる。そして相転移が生じれば、対称性が崩れて、別の真空状態に移り、その過程で大量の潜熱（エネルギー）が解放されることになる。

宇宙の始まりのときに、エネルギーの高い真空とエネルギーの低い真空とが混在したとしよう。真空のエネルギー差は、アインシュタイン方程式で宇宙項に相当し、時空全体を急速

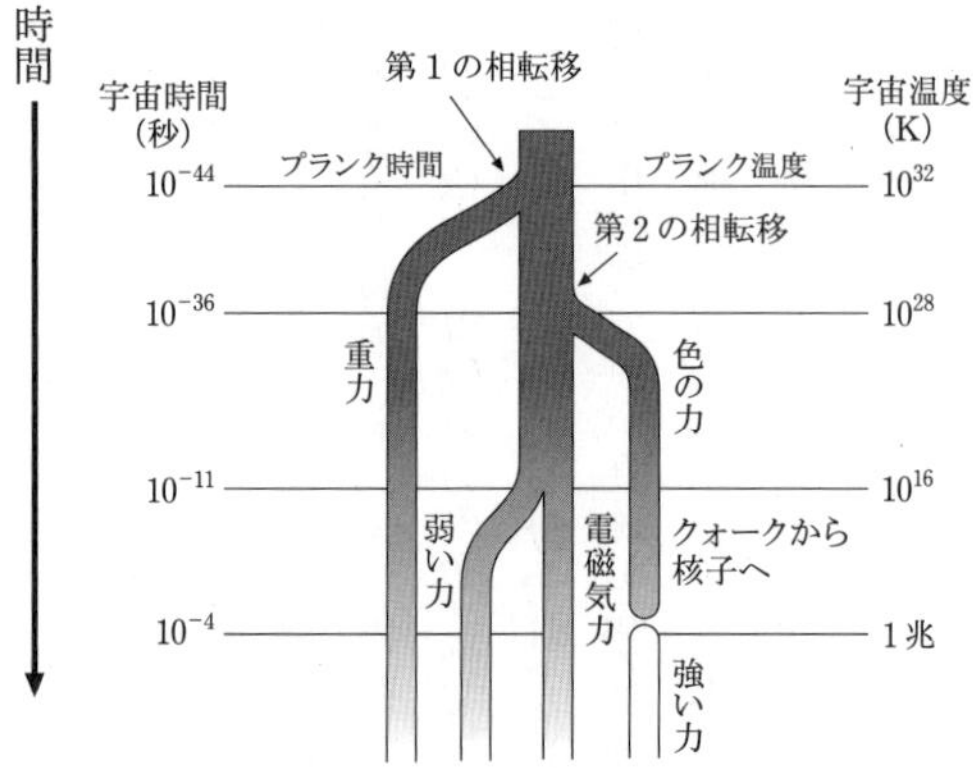

図47　力の枝分かれ（相転移）が宇宙初期に生じたことを示す象徴的な図（佐藤文隆・佐藤勝彦、「自然」1978年12月号をもとに描いた図）。

に押し広げていく斥力に相当する。普通の物質では、体積が膨張すればエネルギー保存の法則にしたがってエネルギーの密度が下がるが、真空の場合はそうはならずに一定のままになる。アインシュタイン方程式の宇宙項は一定の値として、宇宙全体が指数関数的に急膨張を続けることになる。

真空のエネルギーによる宇宙膨張は、光の速さを超える膨張を引き起こす（相対性理論の大前提は、情報が伝わる速さの上限が光速で光速を超える速度はない、ということだったが、インフレーションは時空そのものの膨張であり、情報の伝達ではないために矛盾は生じない）。現在我々が観測できるすべての領域が、一つの小さな量子的なゆらぎから一気に大きくなった、と考えれば、因果律の問題は生じないし（地平線問題が解決）、とにかく大きくなるので、曲率がゼロであることも自然に説明でき（平坦性問題も解決）、モノポールが存在していてもその密度は低くなって問題にならない。さらに、ゆらぎが一つ一つ急膨張をするならば、それぞれが泡のように広がっていくはずだ。泡同士が衝突することで熱エネルギーが発生して相転移が終了すると考えれば（そこでビッグバンが始まると考えれば）、衝突の影響で宇宙は完全に一様ではないスタートになる。したがって構造形成の種問題も解決する。

宇宙項がほんの一瞬あるだけで、すべてうまくいくシナリオが完成するのだ。具体的には、宇宙の誕生直後である10^{-36}秒後から10^{-34}秒後、宇宙は宇宙項に支配されていて体積が10^{78}倍になる急激な膨張をしていた、と考えればよい。佐藤自身は、インフレーションについて、地平線問題のような原理的な問題を解決できることは確かだが、それ以上に、宇宙初期に非一様性を作るメカニズムを提案できたことの意義が重要だ、と強調している。

多重宇宙の存在

インフレーションでは、一つの小さな量子的なゆらぎが大きな宇宙になった。宇宙初期にはこのようなゆらぎもたくさん存在したはずだ。ということは、一つの宇宙から、たくさん

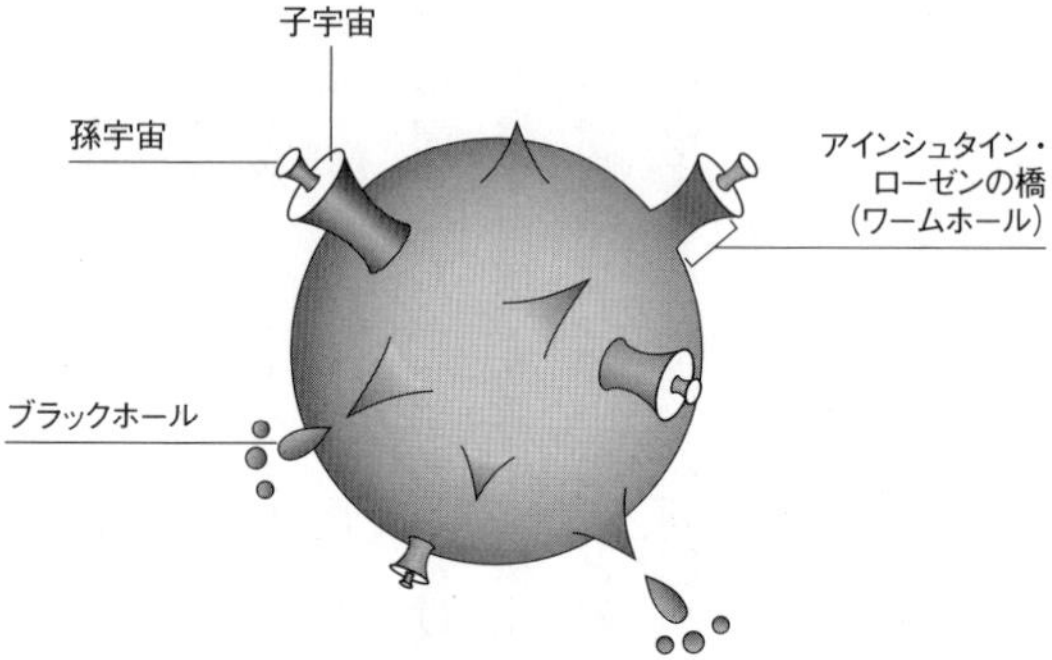

図48　多重宇宙の創成　1つの量子的ゆらぎが1つの宇宙になったとするならば、宇宙は多重に発生したことになる。それぞれの宇宙がワームホール構造でつながるが、互いに行き来することはできない。佐藤勝彦・小玉英雄・前田恵一・佐々木節による1982年の提案。

の宇宙が生まれている可能性がある。ひとたび真空の相転移を起こした後にも、さらに同様の相転移が起きれば、親宇宙から、子宇宙・孫宇宙……と、宇宙が多重生成していても不思議ではない。英語で宇宙はUniverse（uni＝一つの、versus＝回る、向く）すなわち「一つの世界」の意味だが、この理論では、Multiverse（multi＝多くの）となる。

佐藤らは、「宇宙は、我々の宇宙だけではなかった」という多重宇宙モデルを論文にしている。一つの宇宙からワームホールで接続された多数の宇宙が分岐している図（図48）を添えた、とてもユニークな論文である。

残念ながら、我々はお隣の宇宙と交信する手段を持たないので、多重宇宙モデルが正しいのかどうかは確かめようがない。しかし、理論的には、多重宇宙の存在を信じる方が自然である。別の宇宙が存在して、我々と同じような生命体がいる確率もゼロではないのだ。

インフレーション宇宙論の現状

インフレーション膨張の提案（81年）は、簡単なアイデアで多くの成功をおさめるため、多くの研究者に支持され、ビッグバン宇宙論の一部を形成するパラダイムになっている。それまで哲学的だった「宇宙の誕生」問題を科学の問題として議論できる基盤をもたらした。

しかしながら、インフレーション理論がよりどころとする大統一理論は未完成であり、実際にインフレーションを引き起こすメカニズムについても、１００を超えるモデルが提案されていながら、どれも決定的なものがない。近い将来には宇宙背景放射や重力波の精度の高い観測から、いろいろあるインフレーションのモデルが次第に確定していくと考えられている。

インフレーション宇宙の証拠発見？

２０１４年3月17日、カリフォルニア工科大学のチームによって「宇宙背景放射の観測によって、インフレーション理論の直接的な証拠を発見」とした発表があった。南極に設置したＢＩＣＥＰ２望遠鏡（ＢＩＣＥＰは、Background Imaging of Cosmic Extragalactic Polarization の略で、バイセップと読む。南極点近くのアムンゼン－スコット基地に設置された望遠鏡を用いて、宇宙背景放射の偏光観測を行うプロジェクト。望遠鏡が二代目のため、２がついている）が、重力波特有の「Ｂモード」に由来する宇宙背景放射の偏光を発見した、というものだ。

この偏光の存在は、インフレーション宇宙で予言されているものでもあり、「ついにインフレーション宇宙の証拠が発見された」と新聞・雑誌等にも広く取り上げられた（重力波を発見、という報道もあった）。しかし、残念ながら、まだこの観測では偏光が重力波由来とは言えないことが直後から指摘され、発表したグループ自身の論文でも「銀河の塵《ちり》の影響による可能性が排除しきれていない」と「発見」の報からずいぶんトーンダウンした。他のグループの追観測が「インフレーションの証拠発見」を報じる日も近いだろう。

5・10　加速膨張する宇宙

Ia型超新星を使った宇宙の加速膨張の発見

宇宙膨張が一定の速さなのか、それとも加速あるいは減速しているのかどうかは長い間わからなかった。銀河はそれぞれ構成要素や明るさが異なり、輝きが同じではないからである。そこで、注目されたのが、超新星爆発の観測である。超新星は燃え尽きた恒星の最後の大爆発で、肉眼で直接観測できるものは数百年に一度しか生じないが、天体望遠鏡で遠くの銀河まで観測すれば、短時間で多くの超新星爆発現象を発見できる（超新星の輝きは、数週間しか継続しないが、超新星一つの明るさは銀河全体よりも明るい）。

とくに、Ia型（イチ・エー型）と呼ばれる超新星は、爆発のメカニズムが物理的に決まっている（超新星のスペクトルに、水素の吸収線がないものをI型〈あるものをII型〉と呼び、I型のうちケイ素の吸収線が見られるものをIa型と呼ぶ）。

白色矮星にガスが降り積もり、チャンドラセカール限界の質量となったところで収縮し、超新星爆発を起こすのだ。そのために、Ia型は、ほぼ同じ質量の星が爆発するので、放出されるエネルギーも同じになる（さらに、爆発後の減光のしかたも同じである。超新星爆発ではカルシウムや鉄、ニッケルなど、重い元素がどんどん作られるが、その変化のしかたも同じになる。スペクトルから元素の構成比を観測することで、爆発後のどの時期に相当するのかもわかる）。したがって、超新星爆発がIa型だとわかれば、観測される明るさから距離が正確に判定できるのだ。Ia型超新星は**標準光源（スタンダード・キャンドル）**とも呼ばれる。

アメリカのパールムッターが率いるグループと、オーストラリアのシュミットが率いるグループは、独立にIa型超新星爆発のサーチを行い、１９９８年から99年にかけて、どちらも「平坦な宇宙を仮定するならば、宇宙は加速膨張していると考えられる」と発表した。フリードマン宇宙モデルで想定される宇宙膨張よりもだんだんとスピードアップしている、というのだ。

当初、この観測結果は驚きをもって受け取られた。宇宙膨張が加速している原因が不明だからだ。しかし、この観測結果は、その後さまざまなグループの別の観測と矛盾しないことがわかり、現在では宇宙は加速しながら膨張している、という共通認識ができている。両グループのリーダーと、大学院生だったリースに、２０１１年のノーベル物理学賞が与えられている。

宇宙の68%を占めるダークエネルギー

宇宙を加速膨張させるためには、何らかの斥力に相当する力が必要だ。宇宙膨張が発見される以前に、アインシュタインが宇宙項を仮定して斥力を導入したことと同じメカニズムである。素粒子理論からは、このような加速膨張を引き起こす宇宙項を導けないため、研究者たちは、加速膨張させるエネルギー源を（正体不明の）**ダークエネルギー**と名付けた（広義のダークエネルギー）。

そして、宇宙背景放射の観測など、最新のデータを総合すると、フリードマン宇宙を信じる限り、時空の曲率はゼロに近く、現在の宇宙の構成要素（エネルギー比）は、

・68・3%が正体不明の（宇宙を加速膨張させる要因の）ダークエネルギー
・26・8%が正体不明の（物質として存在しているはずの）ダークマター
・残りの4・9%が既知の物質（星）

ということになる。つまり、宇宙全体の95・1%は正体不明の物質であると報告されている。我々は、宇宙のたった5%しか、理解していないことになってしまった。

何が宇宙を加速膨張させるのか

ダークエネルギーの正体解明は、現代宇宙論の最大の問題である。日々、数多くのアイデアが出されているが、基本的な研究者の方針は次の二つのどちらかである。

方針1　斥力を及ぼす未知の物質を考える。（狭義のダークエネルギー）一般相対性理論を信じ、フリードマン宇宙モデルも信じる。その結果、物質に特別なものを考えなければならない。

方針2　基本となる一般相対性理論を一部修正する。フリードマン宇宙モデルも通常の物質だけで宇宙を構成することを優先させるため、重力の理論を変更する。

方針1は、いわゆるダークマター的なアイデアであるが、斥力を及ぼすためには、基本的には負の質量を持つような物質を考えなければならない。なかなか苦しいものがある。方針2は、アインシュタイン方程式の右辺に高次の曲率を入れるもの、物質と相互作用する曲率項を入れるもの、高次元時空を考えるもの、などさまざまなモデルが提案されている。しかし、一般相対性理論が、１００年間にわたって、数々の検証をパスしてきたことを考えると、新たに提案される重力理論もそれらの検証をパスするために、非常に込み入ったものにならざるを得ない。

あるいはこれらとは別に、

方針３　我々が観測している宇宙の領域だけが特別と考える。

例えば我々の銀河団の周囲が、その外側より比較的低い密度であると特別視する。

と考える人もいる。水に油を垂らすと、油はさっと広がっていくように、密度の低い物質は比較的動きやすい。このように、宇宙の一様性を破る仮定をすれば、一般相対性理論を信じ、フリードマン宇宙モデルも信じ、通常の物質構成も信じながら加速膨張を説明することが可能になる。しかし、これは宇宙論のスタートラインである宇宙原理（５・２節、２１８ページ）に反する解決策でもある。

このように、（広義の）ダークエネルギーの正体は不明である。これらの３つの方針とはまったく違うアイデアで解決するのかもしれない。今の状況は、さながら、19世紀末に、エーテル探しをしていた物理学者とまったく同じである。アインシュタインがエーテル不要の画期的なアイデアを出したように、もしかするとダークエネルギー問題は何らかの方法で一気に解決するのかもしれない。

現在の宇宙論パラメータ

２０００年代に入り、ウィルキンソン・マイクロ波異方性探査機（Wilkinson Microwave Anisotropy Probe; WMAP）による観測、および13年にはプランク衛星による観測データが公開され、宇宙はますます精細に決定されるようになってきた。

15年くらい前までは、宇宙年齢は約１５０億年と言われつつも、１００億年から２００億年の間を行ったり来たりする観測データが発表されていた。初めて私がＷＭＡＰ衛星の結果をセミナーで聴いた２００３年、小松英一郎氏が宇宙の年齢が１３７億年という数字を発表したとき、誤差はどのくらいなのか、と質問したことを覚えている。「誤差はプラスマイナス１億年です」との回答に、そんな精度でわかってしまうのか、と驚いた記憶がある。

現在では、データはもっと精度が上がった。宇宙背景放射の観測、宇宙の大規模構造の観測、超新星の観測、ハッブル定数の観測などから、標準ビッグバン宇宙モデルは、わずか六つのパラメータだけで、非常によくすべてを決定できることがわかってきた。本書に出てきた主要なパラメータについては、２０１４年３月現在の値として、

・宇宙背景放射の現在の温度は、2.72548 ± 0.00057 K
（10万分の１程度の有限なゆらぎが存在する）
・ハッブル定数は、H_0 = 67.80 ± 0.77km /s/Mpc
・宇宙の年齢は、137.98 億年 ± 3700 万年
・宇宙の曲率は、0.0008 ± 0.0040（ゼロと考えて矛盾しない）

という値が得られている。

現時点までに我々が到達した宇宙の姿

多くの物理学者が合意している、現時点での宇宙像は次のようにまとめられる。

宇宙は何らかのメカニズムによって誕生し、インフレーションと呼ばれる急激な真空の膨張を引き起こした。インフレーションは、当時の地平線スケールをはるかに超える大きさまで引き延ばし、現在我々が観測している範囲を超えてほぼ一様な宇宙を実現し

た。インフレーションは、膨張領域同士が衝突する現象で終了し、高温高密度の「火の玉」となり、ビッグバン宇宙モデルに引き継がれる。火の玉は、宇宙膨張にしたがって温度を下げ、物質が形成された。ビッグバンでのわずかなゆらぎが種となって、星や銀河が形成され、宇宙全体の大規模構造ができていった。基本的な宇宙膨張は、一般相対性理論におけるフリードマン宇宙モデルで記述できる。多くの観測結果を総合しても、わずか六つのパラメータで矛盾なくモデルが構成できる。しかし、これらの結果は宇宙が加速膨張をしていることを示唆しており、その正体が不明である。

［第6章］

重力波で見る100年

本章では、一般相対性理論の三つめの柱である重力波研究について紹介しよう。重力波とは、「時空のゆがみ」が波として空間を光速で伝わる現象である。いわば時空のさざ波だ。アインシュタインの相対性理論が誕生して100年後の2015年、いよいよ世界で（第二世代の）重力波レーザー干渉計が稼働を始める。もし、研究者の予測どおりであれば、人類は数年以内に、重力波を初めて直接観測することができ、重力波天文学という新しい天文学が始めることになるだろう。重力波観測は、今、相対性理論研究の中で、一番ホットな話題である。

6・1　重力波

アインシュタインは重力場の方程式を導いた後、さまざまな応用を考察したが、その一つが重力波の存在だった。ニュートンの物理学では、二つの星の間には万有引力がはたらくと考えているが、万有引力は一瞬で到達するものとしている。だが、相対性理論を考えると、これは無理な話である。特殊相対性理論によれば、あらゆるものの速度の上限は光の速さで決まっているので、瞬時に伝わることなどあり得ない。一般相対性理論は、特殊相対性理論の上にできあがっているから、当然重力の作用が伝わる速度にも上限があるはずだ。

アインシュタインは、一般相対性理論の完成後、数ヶ月後には重力放射（重力波）という概念を導入した。重力の情報は波として光速で伝わることを方程式中に発見したのだ。もともと彼は学生時代に電磁気学に精通していたので、電磁放射（電磁波）のアナロジーとしての重力波の考えは、ごく自然に帰結される現象だった。

例えば二つのおもりからなるダンベルを平行に持って回転させたとしよう。回転運動は加速度運動であるから、周囲の時空をゆがませる。ゆがんだ時空はその周囲の時空をゆがませる。そのようにして、時空のゆがみは徐々に周囲に伝播していくことになる。周囲をゆがませるにはエネルギーが必要になるから、ダンベルの回転運動はエネルギーを放出していることになる。アインシュタインは、ダンベルのような物体が回転するときに、放出されるエネルギーの大きさを見積もる公式も導いた（アインシュタインの導いた公式には単純な計算ミスで2倍大きな値になってしまうが、そのミスを指摘したのはエディントンである）。

しかし、重力波については、根源的な問題が二つあった。一つは、現実に存在すると言えるのかどうかという理論的な問題である。そしてもう一つは、重力波の大きさが弱すぎて、実際に観測することは不可能だろう、という予想である。この二つの問題のため、重力波に関する研究は、アインシュタインが１９１６年に論文を書いて以降40年以上も主流になることがなかった。

６・２ 重力波は物理的な実在か

電磁波の存在は明らかであるから、重力波の存在も十分に信用するに足りる話だと直観では考えられる。しかし、厄介なことに、一般相対性理論はどの座標系から見ても同じ形の方程式になること（共変性）を目的にして得られた理論である。等価原理の説明では、自由落下しているエレベータでは重力の効果が相殺されてなくなってしまうことを述べた（重力の効果はそれゆえに大域的な幾何学の効果だ、と相対性理論は結論したのだった）。そのために、局所的な物理量を議論しても相対性理論では意味がない。そうだとすれば、ダンベルを回転させて生じる「重力波」というのは局所的な見かけの現象なのか、それとも大域的な現象なのか、どちらなのだろうか。

アインシュタインの間違い

実はアインシュタイン自身もいっときこの点で混乱したようだ。１９３６年に、彼はローゼンと共に「重力波は存在しない」という論文を執筆し、『フィジカル・レビュー』誌に投稿したという記録がある。当時、すでに多くの物理学者が、重力波の存在を原理的には信じるようになっていたため、論文を審査する査読者は、丁寧に論文を読み、10ページに及ぶレポートを作成して、アインシュタインとローゼンの論文の誤りを指摘したという。

ところが大御所だったアインシュタインは、自らの論文が査読者に渡り、かつ再考を促されたことに対して激怒した。そして、投稿を取り下げ、それ以降『フィジカル・レビュー』誌に論文を投稿することはなかった。当該論文はその後、『フランクリン研究所紀要』に投稿され、直ちに受理された。しかし、著者校正の段階で、結論が１８０度変更されることになったという。

現在では、「重力波は存在しない」との結論に至った当初の論文原稿は失われていて詳細は不明であるが、簡単な重力波のモデル（平面の波面が無限に広がっている重力波解）を考えると特異性が生じてしまうことから、このような例を根拠に「重力波を表す解は物理的には存在しない」と導いたのではないか、と言われている。今日では平面重力波の厳密解では座標特異性が存在することが知られているが、当時は座標特異性と物理的特異性を区別する手法はまだ確立していなかったために、解釈を間違えても仕方がなかった問題である。

実はアインシュタインが校正の段階で結論を変えた理由は、『フィジカル・レビュー』誌の査読者（膨張宇宙モデルに名を残すロバートソンであることがわかっている）が再び関わったらしい。ロバートソンは、アインシュタインが査読レポートに拒絶反応を示したことを知り、アインシュタインの助手のインフェルトに、論文の誤りを指摘したという。インフェルトがアインシュタインに、この話を伝えたことが、著者校正時に結論が変わった理由だと考えられるという。つまり、ロバートソンは論文査読を行い、なおかつ誤った結論のままアインシュタインが他誌に論文を出版して不名誉になることを穏便に阻止したことになる（ちなみにロバートソンの論文査読は依頼から11日で返送されていたという。査読者の鑑《かがみ》である）。

重力波が物理的に現象として存在しうるものであり、エネルギーを運ぶ実体であることが数学的に証明されたのは、56年にピラーニによってであり、アインシュタインの死後のことである。

6・3　重力波の弱さ

重力波は非常に微弱な波である。その理由は、重力の作用が非常に弱いから、というのがまず第一の理由である。地球は重力ですべてのものを引き寄せてはいるが、例えば小さなクリップは棒磁石で簡単に重力に逆らって浮き上がる。クリップにとっては、重力の大きさよりも棒磁石の磁力の方が大きいからだ。原理的には質量のあるものが加速度運動をすれば、重力波が発生することになるのだが、重さ10kgのダンベルを1mの半径で毎秒振り回したとしても、重力波としての最小単位のエネルギー（重力子のエネルギー）を放出するのに50万年かかってしまう計算になる。人工的に重力波を作り出すのは不可能である。我々は宇宙で作られる重力波を観測するしか他に方法がない。

重力波が弱い第二の理由は、波源からの距離が天文学的スケールであることだ。音波でも水の波でも波源からエネルギーが四方に広がってゆけば、波のエネルギー密度は小さくなり、波の振幅は波源からの距離に反比例して小さくなる。重力波も同じで、波源からの距離に反比例して振幅が小さくなる。我々の銀河（天の川銀河）の大きさは10万光年以上の直径であり（10万光年は、94京6000兆kmに相当する。天文学の単位では、10キロパーセクになる）、隣の銀河（アンドロメダ銀河）までは240万光年の距離になる。重力波の振幅は、時空にどれだけゆがみが生じたかという無次元の量で測られる（ゆがんだ長さΔL［m］を基本的な長さL［m］で割った量$\Delta L/L$である）。

例えば、天の川銀河の中心で、この振幅最大の重力波が発生した（$\Delta L/L$の量が1のオーダー）としても、我々太陽系に届くまでには3万光年（30京km、3×10^{16}m）ほどの距離を広がってくることになるので、単純に考えると、原子核の大きさよりも小さな振幅にしかならない。宇宙全体で発生する重力波を観測しようとすれば、およそ1ギガパーセクの距離が典型的なスケールになり、この10万倍の距離になる。重力波の振幅も5桁小さくなってしまう。

実際に、現在研究者たちが観測しようとしている重力波は、1年間に数回は観測できるくらいの頻度がないと研究として成立しない事情もあり、10^{-21}の大きさの時空のゆらぎを計測できるような感度を目標として計測装置を建設している。10^{-21}の感度とは、太陽から地球までの距離を基準としても水素原子の大きさ一つ分をわずかにゆがませる程度の大きさだ。装置の感度が良ければ、それだけ遠くの重力波源のものをとらえることができる。

現在進行中の話をする前に、ここでは時計を1960年代にまで戻し、重力波が存在していると、人々が信じるようになった経緯を紹介しよう。

6・4　チャペルヒルでの国際会議

一般相対性理論は、あまりに現実を超越していたために、提出されてから50年ほどはほとんど研究対象とはならなかった（152ページ）。相対性理論が物理学研究の対象として復活したのは1960年代になってからである。

その復活のきっかけとなったのは、57年1月にアメリカ・ノースカロライナ大学チャペルヒル校で開かれた重力に関する国際会議と言えるだろう。「物理学における重力の役割」と題された国際会議は、45人ほどの学者が6日間だけ集まって議論を行った小さな会議だったが、相対性理論を中心とした本格的な研究集会としては、歴史的に初めてのもので、その後の研究に多大な影響を与えた。研究報告は、『レビュー・オブ・モダンフィジックス』誌（アメリカ物理学会発行）の57年7月号に多く収録されているが、その原型版は、最近復刻版として入手可能にもなっている。

会議を主催したのは、ノースカロライナ大学のブルース・ドウィットとセシル・ドウィットの物理学者夫婦である。このような国際会議を開催するには、資金が必要だが、それはエアコン事業で財をなした篤志家のバーンソンが提供した。バーンソンは重力の研究に興味を持ち、ドウィット夫妻を所長とする大学内研究所の設立に関わっていた事業家である。もっともバーンソンの興味は、反重力装置の実現だったのだが、それを物理学者たちが何とか口説いて、当時の最先端物理学の問題を議論する研究所に変えていったようだ。ともかく、57年のチャペルヒルの国際会議では、古典的な重力理論(一般相対性理論)と、量子力学の要素を取り入れた重力理論研究についての二つの柱を中心に、実験的検証可能性や宇宙論への応用に関する研究発表が行われた。

参加者の顔ぶれを見ると、アインシュタインの助手を務めていたことのあるバーグマン、ベルグマンと彼らのもとで育った学生たち、後にブラックホールの名付け親となるホイーラーやその学生だったファインマン、エルンスト、ミスナー、リンキスト、ブリル、超弦理論研究を現在進めているエドワード・ウィッテンの父親であるルイス・ウィッテンのほか、イギリス・フランスなど7カ国からの参加者を集めた。日本からは、場の理論に名を残す内山龍雄が参加している。

チャペルヒルの国際会議は、その後に開催されることになる「一般相対性理論と重力に関する国際会議」シリーズの第0回と位置づけられていて、研究業界ではGR0とも称される。そして、この会議に参加していたウェーバーは、議論を聞いて重力波検出装置の開発に本格的に乗り出すことにした。

6・5　重力波検出装置の開発

アメリカ・メリーランド大学のウェーバーは、理論物理の原理的問題に興味を持つ実験物理学者である。1952年にはメーザーと呼ばれる光の発振装置の理論を発表している。原子を共振させて、位相の揃った強い光を発する装置で、後のレーザー光線発明の原型となった理論である。

チャペルヒルの会議の後、ウェーバーは、現在「共振型」あるいは「ウェーバー型」と呼ばれる重力波の検出装置の開発を開始する。大きなアルミニウムの円筒を吊り下げ、重力波が通過したときに円筒の形をゆがませることを検出しようとするものだ。ウェーバーの作成した円筒は、直径が50㎝、長さが2mで重さは1・5トンの装置だった。アルミニウムを使ったのは安価だったからである。わずかな円筒の振動をとらえるために、ウェーバーはひずみを電気信号に変える装置を考案し、メリーランド大学で実験を開始した（図49）。

実験開始後の2年目、67年に、ウェーバーは重力波信号らしきものを検知した。しかし、それが本当に重力波なのか確信が持てなかった。なぜなら、このような微妙な測定を行う装置では、雑音信号をどうやって取り除くのかが問題となる。重力波を検知した、と思っても、装置が他の理由でゆれていた可能性が否定できない。そこで、ウェーバーは、同じ装置を1000㎞以上離れたアルゴンヌ国立加速器研究所（シカゴの近く）にもう一台設置して、二台で同時観測を行うことにした。こうしておけば、二台の装置で同時に同じような雑音を検出する確率は低いため、重力波からの信号を検出したと主張できるからである。そして、68年に「二台の装置で同時に重力波信号を検出した」、70年には「重力波信号はおよそ1日に3回の頻度で検出され、検出装置が銀河の中心に対して垂直方向に向いているときに検出率が高い」と発表し、世界中の大ニュースになった。

図49　ウェーバーと共振型重力波検出装置（メリーランド大学のウェブページから）。

ウェーバーの第一報を受けて、世界の各地で同様の共振型重力波検出器が作られ、70年から重力波検出の努力が続けられている。しかし、ウェーバーのように重力波検出に成功できたグループはまだ一つもない。残念ながら、ウェーバーの「重力波検出」は何かの間違いだったのだと今では考えられている。最近のウェーバー型重力波検出装置は、装置全体を絶対温度2度以下に冷やして原子の熱運動による雑音を減らしたり、装置を小さくしたり、あるいは重力波によく反応すると考えられるサファイアをアルミニウムの代わりに使ったりして工夫しているが、一例も重力波検出の証拠がないのだ。ウェーバーが、1000㎞も離れた場所で同時検出に成功した、という事実を重力波以外で説明する手段は「偶然」以外にない。そしてウェーバーの偶然は偶然とするにはあまりに確率が低い。しかし、科学としては第三者が追認できない以上、事実と見なすことができないのである。

しかし、ウェーバーの「誤報」が、研究者に重力波検出の機運を高めたのも事実である。70年代には、より広い範囲の周波数の重力波を連続的にとらえることができるレーザー干渉計を使った重力波検出装置の建設プランが登場し、現在につながることになった。レーザー干渉計の話の前に、パルサー・連星パルサーの発見の話を紹介しよう。

6・6　パルサーの発見

緑の小人1号

1967年、ケンブリッジ大学のヒューイッシュと、学生のベルは、電波望遠鏡を使って、太陽から吹き付けられる電子雲によって引き起こされる電波天体のゆらぎを研究していた。電波望遠鏡は、光学望遠鏡（可視光）では観測できない長波長の電磁波を観測する。受信しているデータは画像ではなく、電磁波の信号である。11月28日の夜、ベルは、非常に強く規則正しいパルスを受信していることを発見した。指導教授のヒューイッシュと共に1ヶ月ほど続けて観測した結果、パルスの規則正しさは、原子時計の精度にも匹敵するもので、1.3373011秒間隔で、パルス幅が0・04秒であることや、この電波源が太陽系よりもずっと遠くから届いていることを確認した。

当時、これほど正確なパルスが自然界に存在するとは考えられなかったため、二人は、このパルスは地球外文明からの通信ではないかと考え、「緑の小人1号（little green men-1）」と呼んだ。ＳＦで、宇宙人を表すときによく登場する言葉である。しかし、すぐにケンブリッジの同僚によって、似たような正確なパルスを発する天体が三つ発見されたため、パルサー（pulsar）と名付けることにした。ベルによって発見された天体は、現在では天球上の位置（北極星を北、太陽の春分の位置を基準とした赤経・赤緯座標で、赤経19時19分、赤緯＋21度の位置）を用いて、PSR B1919＋21と呼ばれている。

パルサーの正体は中性子星

パルサーの発見直後は、その正体が不明で、候補としてたくさんの論文が出版された。現在では、パルサーの正体は中性子星であると考えられている。ツヴィッキーやランダウ、オッペンハイマーたちによって30年以上前に理論的に考えられていた天体である（4・6節）。

中性子星と結論される理由は単純だ。パルサーは、多数発見されていて、今では、我々の銀河だけでも20万個以上存在すると考えられている。パルスの周期が短いものは、1・39ミリ秒であり、最も長いものは8・51秒である。典型的には0・5秒間隔のパルスを持つ。このような規則正しいパルスを出すメカニズムとしては、灯台のサーチライトのように、回転している星の一つの点からパルスが地球に向かって放出されていると考えるのがよい。

だが、ミリ秒程度の高速で回転している星を考えるならば、小さくて高密度の星を考えなくてはいけなくなる。なぜなら、遠心力で星が崩壊してしまうからだ。どのくらいの密度があれば、ミリ秒で回転できるかを計算すると、原子核の密度程度になる。ランダウたちが予想したように、原子核程度の密度だと、陽子と電子が合体して中性子になる。つまり、中性子の塊が星になっている、という論理である。その大きさは半径10km程度で、質量は太陽の1・4倍から2倍程度である。

物理学には、角運動量保存則という法則があり、物体を回転させる運動量は保存する。フィギュアスケートの選手が両手を伸ばして回転を始め、その手を縮めて体につけると、角運動量が保存することから回転が速くなる。この原理と同じで、30日程度で自転している太陽程度の星（半径70万km）が、そのまま半径10kmに圧縮されたとすれば、回転周期は1ミリ秒程度になるのだ。

地球の自転軸は北極点と南極点を結ぶ軸だが、磁石が指し示す磁極はわずかにずれていて、北磁極は北緯80度付近のカナダにある。このように星の自転軸と磁極を結ぶ軸が一致しないことが普通であるならば、灯台のサーチライトのようになる星がたくさんあることに不思議はない。小さく押し込められた中性子星は、地球の1兆倍以上の大きな磁場を持つ。このような大きな磁場があると、星の表面から電子やイオンをはぎとって、光速近くにまで加速するはたらきをする。磁場が一番強いのは磁極付近なので、中性子の磁極が地球を向いたときに、地球にパルス状の電波が届くのだ。

このように、いろいろな要素を考えても矛盾することなく、パルサーの正体は中性子星であると考えられている。

１９７４年のノーベル物理学賞は、パルサー発見の業績に対してヒューイッシュと、電波天文学の開拓者であるライルに与えられた。第一発見者だった学生のベル（Bell）には与えられなかったことに対して学界からは強い異議が出た（現在でもノーベル賞をNo-Bellと揶揄する人も多い）。しかし、ベル自身は、当時のインタビューで、ノーベル賞受賞対象外となったことについて特に異議を唱えず、「プロジェクトの成功も失敗も指導教授の責任だから」とコメントしている。

6・7　連星中性子星の発見

ハルスの仮説

１９７４年の夏、マサチューセッツ工科大学の教授になって間もないテイラーと、その学生ハルスは、プエルトリコにあるアレシボ電波望遠鏡を用いて、たくさんのパルサーを観測する予定を立てていた。

電波望遠鏡は、微弱な電波を集めるために、大きなパラボラアンテナを必要とする。アレシボ天文台は、地形の窪地を利用して造られた世界最大の電波望遠鏡で、直径が305mの球面反射面をもち、受信機は高さ150mのところに三本のマストで吊られた構造になっている（アレシボ天文台は、地球外知的生命体探査〈SETI, Search for Extra-Terrestrial Intelligence〉でも有名だ。もし、宇宙のどこかに知的生命体がいるとすれば、地球に向けて電波で通信してくる可能性があるかもしれない。そこで、受信した電波のデータの中に、メッセージを探そうとする試みである。しかし、この探査は40年以上続いているが、まだ有意なデータを発見できていない）。

当時、パルサーはすでに100個以上発見されていて、その正体が中性子星であることもほぼ理解されていた。パルサーは規則正しい電波を出す天体で、その規則正しさは、原子時計に匹敵するほどの安定性をもっている。7月2日に候補となる59ミリ秒のパルス周期を持つ電波源を見つけたハルスは、そのパルサーの周期を正確に決めようと8月25日にもう一度同じ場所に電波望遠鏡を向けた（正確には、アレシボ電波望遠鏡は動かせず、空が地球の自転と共に動くので、以前に候補天体があったところを詳しく調べようと、その天体がやってくる時間に構えていた）。しかし、ハルスが観測したパルサーの周期は、7月のものとは異なり、2時間の観測のはじめと最後では30マイクロ秒も増加していた。パルサーの周期はマイクロ秒単位の正確さで決まるものなので、ハルスは当惑したという。

観測したデータ処理に誤りがあるかもしれないと考えた彼は、別のプログラムでも解析したが、同じ結果だった。アレシボの望遠鏡では、天頂にターゲットとなる天体がこないと観測できないため、1日に2時間しか観測することができない。

9月になって観測すると、こんどは2時間で5マイクロ秒の減少だった。毎日観測を続けると日ごとに周期の減少量は増加していたが、同じパターンが45分ずつずれて生じていることがわかる。この時点で、ハルスはこの天体が連星の一つであり、相手の星の周りを周期的に運動するために、ドップラー効果が生じているのだろうと仮説を立てた。光の場合には、地球から遠ざかる方向に動く天体から発する光は本来の色よりも赤味がかり（赤方偏移）、逆に地球に近づいてくる天体から発する光は本来の色よりも青味がかる（青方偏移）。電波のパルスでは、わずかに周期が変動することに対応する。この仮説が正しければ、長く観測を続ければ、同じパターンの繰り返しでパルス周期が増減していることになる。

ハルスの仮説は正しかった。9月16日の観測では、2時間の間に周期は70マイクロ秒減少した後、20マイクロ秒の増加に転じたのだ。「連星パルサー」の発見である。ハルスは指導教授のテイラーを呼び出し、この天体の軌道の計算に着手した。

計算の結果、驚くべきことがわかった。このパルサーは、相手の星（見えていないし、パルスも観測されない星であるが）の周りをわずか7・75時間で回っていた。1日に45分ずつパターンがずれていたのは、パルサーが3周する時間と地球の1日の違いだったのだ。そして、パルス周期の増加時間と減少時間の比が1：3だったので、このパルサーは極端な楕円軌道を描いていることもわかった。パルサーが地球に向かって近づいてくるときの速度は、秒速およそ300kmであり、実に光速の1000分の1である。しかも、連星間の平均距離は、太陽の半径程度しかない近さだった。

この発見は、直ちに相対性理論の研究者を刺激した。連星パルサーは、一般相対性理論の効果を検証する実験装置になりうるからである。

相対論らしさを表す二つの指標

ハルスとテイラーが発見した連星パルサーは、PSR B1913＋16と名付けられている。この連星パルサーは、二つの指標から、相対性理論の良い実験室であることがわかる。

まず、一つめの指標は、物体の運動速度 v と光速度 c の比の二乗〔$(v/c)^2$〕である。この値が1に近いほど、特殊相対性理論の効果が現れる。太陽系の水星の公転速度は、秒速48km なので、1億分の2・5でしかないが、ハルス・テイラーの連星パルサーでは、1000万分の5で20倍も大きい。次に、二つめの指標は、重力の強さの指標である。重力の強さは、系の典型的な質量をM、典型的な距離をRとしたとき、重力定数Gと光速度 cを用いて、$GM/(Rc^2)$ として計算される。この値が大きいほど、時空が平坦からずれているという目安を表す。水星の場合には1億分の2・5だが、この連星パルサーでは100万分の4になる。太陽系の約150倍も強い重力の系になっているのだ。

アインシュタインが一般相対性理論の正しさを確信したのは、水星が近日点移動を行うことを示せたからだった。水星の近日点移動は、1年間に4周する公転軌道の影響が積み重なって生じる効果だが、連星パルサーでは、その100倍の大きさの効果が8時間ごとの軌道周期で積み上がっていくことになる。1974年の12月に開かれた国際会議で、テイラーは、連星パルサーの近星点移動（近日点移動の連星版の言い方）の大きさは、1年間に4・0プラスマイナス1・5度である、と観測結果を発表した。水星の近日点移動（100年間で43秒角）の３万６０００倍の大きさである。水星より約１５０倍の重力で、年間約２５０倍の積み上げ効果があることでの大まかな倍率とほぼ一致する大きさである。

一般相対性理論で天体の質量測定

これまでに一般相対性理論が正しいことは、水星の近日点移動、皆既日食を利用した太陽による光の軌道の曲がり、および地球と他の惑星間での電波の往復時間が太陽近傍を通るときに遅れること（シャピロ時間の遅れ）などによって確かめられてきたが、それらの値の相対性理論からのずれは、０・１％程度だった。連星パルサーを使うと、より高精度で一般相対性理論が検証できることになる。

74年当時に得られた観測値では、連星パルサーの総質量は太陽の２・６倍程度、とのことだった。だが、一般相対性理論によれば、近星点移動の大きさは連星系の総質量で決まる。近星点移動のデータが正確に判明するにつれ、一般相対性理論を使うと、逆に連星系の総質量がわかることになる。現在では、近星点移動は1年間に4.226622度角という値が得られていて、これから算出される連星系の総質量は太陽の2.828378倍である。これは、一般相対性理論を使って天体測定がされた初めての例となった。

このような高精度の観測データが得られるのは、パルサーの出す電波が非常に正確な周期を刻んでいるからである。もともと私たちは地球の自転を1日として時計代わりにしているが、宇宙にはもっと正確に時を刻む星がいたのだ。現在得られているハルス・テイラーの連星パルサーの周期は、59.029997929883ミリ秒であり、13桁も決まっている。原子時計の精度は、10桁から15桁なので、原子時計に匹敵するほど正確に回転を続けているのだ。

正確なパルスを出す天体のため、相対性理論の効果の検証が、さらに詳しく得られることになる。テイラーらの連星パルサー発見の論文が出た直後から、さまざまな検証可能性の論文が出された。その中には、パルサーの高速な運動に伴う特殊相対性理論の効果でパルサー自身の時計が遅れていること（そのため我々の観測するパルス周期はパルサーの公転運動に伴って若干変動するはずだ）、および伴星の近くを電波が通過するときに伴星の重力によって電波パルスはドップラー効果を起こすこと（重力による赤方偏移を起こすこと）も指摘された。テイラーらは、4年間観測を続け、これらの2点の効果を検出した。そして、一般相対性理論から導かれる公式から、連星パルサーのそれぞれの質量が得られることになった。現在では、パルサーの質量は太陽の1・441倍であり、伴星の質量は太陽の1・382倍であることがわかっている。したがって、伴星も中性子星であると考えられる。地球から2万1000

光年も離れたところにある、半径が10㎞ほどの星の質量が小数点以下３桁の精度で決まるのである。

伴星からのパルスは観測されていないが、これはおそらく、パルスを発する磁極が地球方向を向いていないからであろうと考えられる。シミュレーション研究から、この連星はかつては二つの大質量星の連星だったが、一連の超新星爆発を経て、二つの中性子星となったと考えられている。両者の質量が、偶然にもチャンドラセカールが導いた白色矮星の最大質量に近い値となっている。

重力波の存在の確認

ハルスとテイラーがノーベル賞を受賞したのは１９９３年だが、そのときの贈賞理由は「重力研究への新しい可能性を開いた新しい種類のパルサーの発見に対して」となっている。実は、これには右に紹介したような一般相対性理論の検証の他に、「重力波の存在を確認した」という意味が含まれている。

質量が大きくて小さな中性子星が互いに周回運動をしていれば、重力波を放出しているはずである（図50）。その波の振幅は非常に小さなもので直接観測できる大きさではないが、

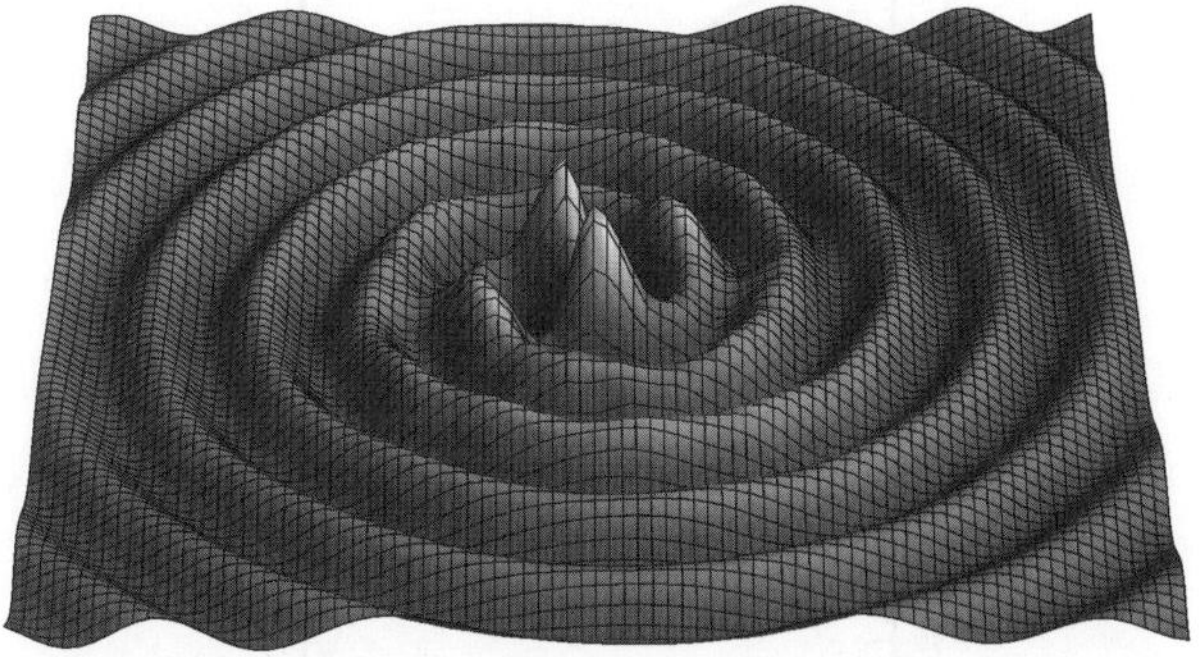

図50　連星の運動で放出される重力波のイメージ図。

もし、重力波放出があるのならば、その分エネルギーが周囲に広がっているので、中性子星連星自体はエネルギーを失いつつあるはずだ。そうであれば、周回運動の周期は徐々に短くなっていくはずである。

テイラーらは、その後もこの連星パルサーの観測を30年以上続けており、実際にこの連星パルサーの軌道周期が徐々に短くなっていることを示している。図51（288ページ）がそのデータだが、この図の実線は、一般相対性理論の式を使って、どのように軌道周期が短くなっていくかを予想したものである。そして点は実際に観測した値である。両者は見事に一致していて、理論どおり重力波が放出され、中性子星連星が互いに近づいていることがわかる。これがまさに「重力波の存在を

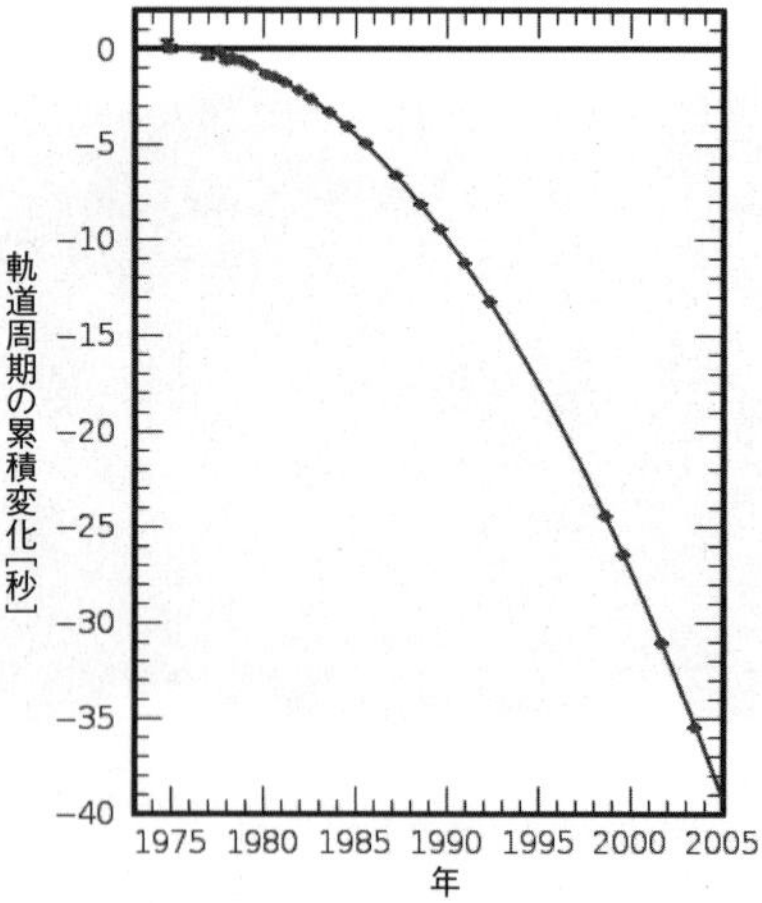

図51　ハルスとテイラーが発見した連星中性子星の軌道周期の年次変化。実線が一般相対性理論から計算される周期の変化で、点が観測値。いずれの観測値も見事に相対性理論の予言する値に一致し、このことから、中性子星は重力波のエネルギー放射によって、徐々に接近しあっていることがわかった。重力波が存在することの間接的な証拠である。

（間接的にだが）確認した」と言われる証拠である。このまま3億年が経過すると、この連星パルサーは合体し、大きな重力波を放出することになる。

現在では、連星パルサーの軌道周期は7.751938773864時間、軌道の離心率（軌道が楕円としてどれだけ円からずれているのかを表す数値）は0.6171334であることや、連星の総質量が太陽の2.828378倍、という精密な値が得られている。これらを総合すると、一般相対性理論の予言と観測値との誤差は０・２％でしかない。しかし、テイラーは、連星パルサーの観測値が、もはや他の要因でこれ以上精度が上がらなくなっているともコメントしている。その要因とは、太陽が銀河系の中心からどれだけの距離にあるのか、パルサーと地球までの距離はどれだけか、といった問題と共に、万有引力定数の精度が5桁しか定まっていないことも挙げている。

6・8　レーザー干渉計計画

重力波観測に必要な感度

重力波は時空のさざ波である。伝えられるものは時空のゆがみだ。重力波を直接とらえようとする試みは、現在では巨大なレーザー干渉計を建設して観測しようとする研究が主流である。二つの鏡の間でレーザー光線を往復させ、その二点間の距離がどれだけ変化するのかを継続して観測していれば、重力波が通過したかどうかが判定できる、という原理である。

重力波による時空のゆがみはとても小さいため、微小な長さを測定する装置が必要である。そこで、かつてマイケルソンとモーリーがエーテル探し（48ページ）のときに開発した干渉計を巨大にして用いることになる（図52、次ページ）。レーザー光を二つに分けてそれぞれを

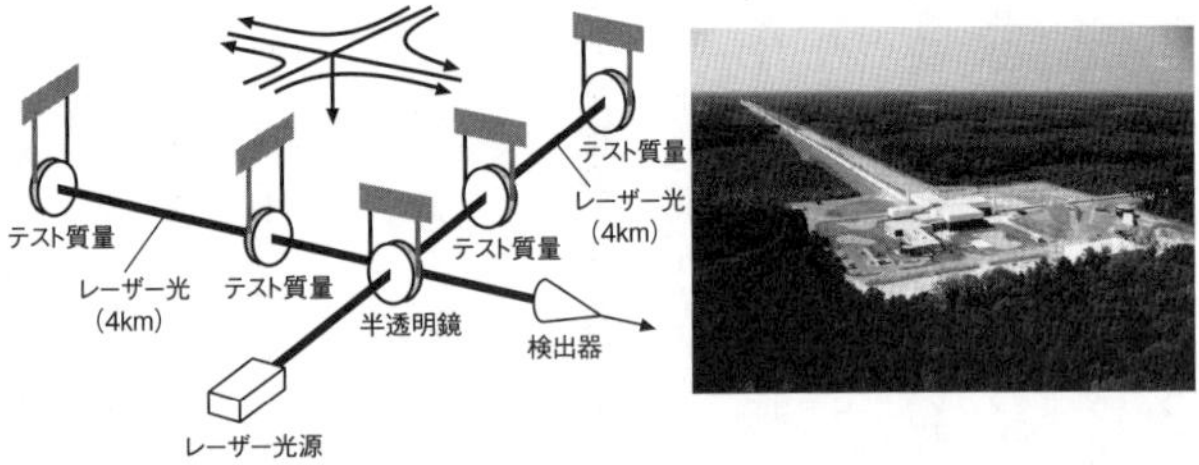

図52　レーザー干渉計のしくみ　アメリカ・ルイジアナ州にあるLIGO。一辺が4 km の干渉計である（いずれもLIGOのウェブページから）。

遠方に飛ばし、鏡で反射させて戻ってきたときに再び合成する。二つの光が全く同じ距離を往復してきたならば、光の位相は同じなので強め合って明るいはずだ。しかし、光の波長の半分だけ距離が違っていれば位相が逆になって互いに弱め合って暗くなる。光の干渉現象を使えば、微小な距離の差を測定することができる。

ウェーバーの開発した円筒型アルミニウムを振動させるような共振型（6・5節）では、その円筒の大きさで共振する周波数が決まってしまう。さまざまな周波数の重力波を観測しようとするならば、鉄琴のように、いろいろな大きさの円筒を設置しなければならない。レーザー干渉計では、この問題がない。光の干渉パターンを調べることで、時間変化する重力波を追跡することができるようになる。

だが、レーザー干渉計を使ったとしても、装置の感度を上げる工夫が必要になる。ハルス・テイラーの連星パルサーが３億年後に合体するのは確実だが、似たような重力波源はいったいいくつあるのだろうか。パルサー自身は２０００以上発見されており、連星パルサーを形成しているものも我々の銀河内で１００以上はある。

だが、これだけの数しかないとすると、我々は３万年に１度しか中性子星の合体現象に出会うことができない計算になる。もし、我々の銀河外の銀河系３万個を同時に観測できるような感度の装置であれば、１年間に１回の重力波放出を観測できることになる。３万個の銀河を含む距離はおよそ2億光年（60メガパーセク）である。中性子星連星が合体する直前（数分間）では、約５００㎞の距離を毎秒10回周回するようになる。この重力波が地球に２億年かけて到達するならば、その感度としては、10^{-21}が必要になる。

もっとも我々は、パルスを出す磁極が地球を向いているものだけをパルサーとして観測できたはずなので、これ以上の数のパルサーは確実にあるはずだ。しかし、観測された数以上の予想数に関しては、統計的・系統的・理論的な不確定要素が大きく、天文学者の中でも議論が分かれている。

研究者の側から考えると、１年間に数回の検出ができないと、研究がなかなか進められないし、多くの予算をかけて実施する研究としても採算が合わないことになる。感度としては、

10^{-21}がとりあえずの目標値だが、もう一声、感度を10倍良くすれば、それまでの検出計で観測可能だった体積が1000倍になるので、1000倍の銀河をターゲットにすることができる。重力波の検出可能性は1000倍大きくなることになる。

レーザー干渉計の設計

1970年代にレーザー干渉計を使って重力波観測の計画を考え始めたのはワイズである。彼は当時の技術を使って、重力波の観測が可能かどうか、予算がどれだけかかるか検討を始めた。弱い重力波を検出するためには、干渉計の腕の長さ（レーザー光を分光するところから鏡で反射させるところまでの距離）が長いほどよい。100Hzの周波数の重力波を狙うのであれば、最適な腕の長さは750kmになる。しかし、一辺が750kmの装置を作るのは現実的ではないために、ワイズは一辺が4kmの干渉計を作り、その腕をレーザー光が200往復するような装置を考えた。そして当時のテクノロジーを駆使して考えうる干渉計を83年に青写真として研究者に公開する。

微弱な時空のゆがみを検出しようとする干渉計の技術は、計測器に生じる雑音との戦いでもある。雑音にはさまざまなものがあるが、大きく分けると三つになる。

一つめは光源に由来する雑音だ。長距離を往復させるためには強いレーザー光を用いることになる（1kHzの周波数で、10^{-21}の感度を出そうとすると、1キロワットの出力が必要になる！）。ところが光の正体が光子と呼ばれる粒子であることから、これだけのエネルギーをもつ光だと、検出時に光子の数が統計的にゆらいでしまう（これをショットノイズという）。光路全体を真空にして屈折によるゆらぎを抑えたとしても、光源の周波数・強度・出力ビームによってそれぞれの雑音が生じることになる。また、鏡で何回も往復させることになるので、鏡での光の損失も問題になる。

二つめの雑音は、検出器が周囲の熱でゆらぐ熱雑音である。温度の正体は、分子運動の激しさである。花粉のような細かい粒が水の上でいつまでもゆれ動く現象はブラウン運動として知られているが、ブラウン運動は水分子の運動によって細かい粒が反跳する現象である。たとえ常温であっても空気分子はひっきりなしに秒速数百メートルの速さで衝突し合っている（ちなみに、どれだけの熱雑音が生じるかという計算には、アインシュタインがブラウン運動を論じる際に導いた関係式が登場する。ここでもアインシュタインが活躍しているのだ）。これらの影響を減らすためには、鏡を十分に重くしておく必要があるし、鏡の設置システムにも工夫が必要となる。究極的には装置全体を非常に低温に冷やしてしまえば、この問題は解決する。

後で紹介する干渉計ＫＡＧＲＡ（かぐら）は、低温での制御を一つのセールスポイントにしている。

三つめの雑音は、地面振動である。地面は地球自身の固有な振動で常に振動しているほか、周囲の環境にも大きく影響して振動する。この雑音を防ぐためには鏡を振り子のように吊り下げた防振システムを作る必要がある。吊り下げ方によっては共振するモードも発生するために、多段にして吊り下げる工夫もされている。この他にも、レーザー光が鏡で反射する際に鏡が反跳してゆらいでしまうことに起因する雑音（輻射圧雑音）、量子力学の不確定性原理からもたらされるゆらぎの最低値、完全な真空が実現できないことによる影響、装置自体が持つ振動モードの軽減など、一つ一つの雑音を減らしながら、実験装置の感度向上が必要になる。これらの雑音の限界が装置の性能を決める。

ＬＩＧＯ計画の承認

アメリカ政府は一辺が４㎞の腕をもつ重力波干渉計を2基建設する計画を承認し、90年代には重力波観測に向けての巨大プロジェクトがスタートした。「レーザー干渉計重力波天文台（Laser Interferometer Gravitational Wave Observatory）」の頭文字をとったＬＩＧＯ（ライゴ）と名づけ、約360億円を投じて、94年にワシントン州ハンフォードの砂漠と、ルイジアナ州リビングストンのジャングルに建設を始める。同じ性能を持つ二つの干渉計を同時に建設するのは、もちろん同時観測の事実から、重力波による信号を確実にするためである。2000年にはレーザー光の初照射（ファーストライト）を実現し、2005年より本格的な観測を開始した。

筆者は、2000年10月末にLIGOがファーストライトを達成した直後にフィラデルフィアで開催された重力波の研究会に参加した。主に米国内のこの分野の長老若手が集合し、いよいよこれから重力波天文学が幕開けする、という和やかな雰囲気の中で3日間の議論が進んだことを覚えている。このときのバンケット（会議の晩餐《ばんさん》会）では、アメリカ国立科学財団（NSF）に勤務するアイザクソン博士にサプライズが企画された。アイザクソン氏は、高周波極限での重力波の理論解析などで学位を取った後、NSFにて長年、科学振興の予算配分に携わってきた人物である。重力物理学に理解があり、LIGO計画の推進に関して、行政側から大きく貢献してくれたことになる。バンケットでは、ミスナーがどれだけ彼が相対論コミュニティの発展に貢献したかを語り、ワイズ、ソーンらがエピソードを添えた。そして最後に、アメリカ特有の風刺画調のアイザクソン氏の肖像画が贈呈された。彼がどれだけ高い頻度で（高周波数で）資金を提供しているかを讃《たた》えたものだった。ＬＩＧＯグループが出版している広報誌で、この絵を見ることができる。

6・9　各国のレーザー干渉計計画

四台以上の干渉計が必要な理由

アメリカのレーザー干渉計建設承認は、重力物理学が実験室科学から巨大科学（ビッグサイエンス）へと変貌を遂げたことを意味する。素粒子物理学や天文学がすでにそうなっていたが、20世紀の後半から、究極の物理現象の探査は、もはや一つの大学や研究室で実験するレベルを超えており、国家的あるいは国際的なプロジェクトとして実施することが必要不可欠になってきた。最先端の科学が産業界に対してすぐにフィードバックできることは少ないものの、科学振興を支えることが国家的な威信につながることになってきたのだ。

宇宙ロケットの開発は言うに及ばず、素粒子物理学では巨大な加速器実験装置が必要とされ、天文学では巨大な望遠鏡や人工衛星による探査が必要とされている。アメリカはクリントンが大統領になった直後に、それまで進んでいた素粒子加速器ＳＳＣの建設を中止し、その予算を国際宇宙ステーション建設に振り替えるなど、国家プロジェクトの選択をしながら進めている。日本でも90年代には、筑波に高エネルギー物理学研究所ＫＥＫ（現在の高エネルギー加速器研究機構）が設置され、一周が３㎞を超える円形素粒子加速器が稼働したり、国立天文台がハワイ島のマウナケア山山頂にすばる望遠鏡を設置したりしている。

実は重力波干渉計は二台だけ設置しても「波が来た」ことがわかるものの「どこから波が来たか」はわからない。世界のどこかにもう一台干渉計があって、重力波を受信できたとすれば、そのわずかな受信時刻の差から3点測量の要領で「どの方向から波が来たか」の天球上の位置がわかることになる（重力波は地球をすりぬけて伝わるので、地球の表裏のどこに干渉計を設置しているのか、ということは関係ない）。重力波は横波の振動をしており、干渉計の腕（レーザー光を飛ばす方向）の先から重力波が偶然やってきたとすると、この方向の感度が悪い。振動の二つのモードが分離できない可能性がある。重力波が全天からやってくることを考えると、感度よく観測するためには四台以上の干渉計が地球上に設置されていることが望ましい。アメリカの二台の干渉計だけでは不足なのである。

ヨーロッパと日本の計画

相対性理論の研究者間では、世界の各地で、レーザー干渉計を設置し、協力して観測する体制を確立することが話し合われた。フランスとイタリアは、2国で腕が3㎞のレーザー干渉計VIRGO（ヴィルゴ）をイタリア・ピサの郊外に設置した（総額約100億円、95年建設開始、07年観測開始）。イギリスとドイツは、2国で腕が600mのレーザー干渉計GEO（ジーイーオー）をドイツ・ハノーバー郊外に設置した（総額約6億円、95年建設開始、05年観測開始）。

日本でも、文部省科学研究費の重点領域「重力波天文学」（代表は京都大・中村卓史）が91年にスタートして、プロトタイプの干渉計設置が始まった。この研究費では計画された4年間に、国立天文台と宇宙科学研究所にそれぞれ構造が異なる20mと100mの腕をもつ干渉計が設置され、基本的な技術の確認が行われた。同時に、一般相対性理論の研究の裾野を広げる目的で、年に1回国内での研究会が開かれるようになり、当時大学院生だった著者にとって、大きな刺激になった。今ではこの研究会は、JapanGRG（相対性理論と重力に関する研究会in日本）と呼ばれる国際会議に成長している。

95年から01年には、文部省科学研究費創成的新プログラム方式による「干渉計による重力波検出研究」が承認され、国立天文台（東京都三鷹市）に３００ｍの腕をもつ干渉計ＴＡＭＡ（たま）の建設と、低温鏡の開発が開始された。02年から05年には、特定領域「重力波天文学の新展開」が採択され、干渉計ＴＡＭＡと、低温鏡実証干渉計ＣＬＩＯを用いた実観測が行われた（ＣＬＩＯは、低温レーザー干渉天文台〈Cryogenic Laser Interferometer Observatory〉の頭文字をとったもの。岐阜県神岡鉱山跡の山中に腕が１００ｍの干渉計を設置し、温度を下げて観測する技術開発を行った）。12年度から5年間は新学術領域研究「重力波天体の多様な観測による宇宙物理学の新展開」として80億円の予算が採択され、岐阜県神岡に一辺３㎞の腕を持つ干渉計ＫＡＧＲＡ（かぐら）の建設と関連する理論・天文観測の連携研究が進められている。

6・10　重力波の予想される波形

重力波波形をあらかじめ計算しなければいけない理由

重力波を放射する天体として、観測のターゲットの第一候補となっているのは、中性子星連星や、ブラックホール連星、あるいは中性子星とブラックホールが対に連星となっている系とそれらの合体現象である。他には超新星爆発現象やパルサー、白色矮星なども考えられ、また、宇宙初期に生成された重力波が背景重力波となって宇宙全体を満たしている可能性もある。この節では、連星の合体によって生じる重力波について述べよう。LIGO、VIRGO、KAGRAなどのレーザー干渉計は、この周波数帯をターゲットに設計されている。

ハルスとテイラーが発見した連星のように、中性子星連星は存在することが確実だ。中性子星が互いに公転運動することで、重力波が放出され、その系はエネルギーと角運動量を徐々に失っていく（この過程はすでにハルス・テイラー連星で観測されていて、重力波の存在が間接的に証明されたことになっている、と述べた）。中性子星連星はやがては合体し、そして大きな中性子星になるか、ブラックホールになるだろうと考えられている。その最後の合体の瞬間に、大きな重力波が発生し、地球上でも観測できるだろうと期待されている。

重力波の波形の予測は、理論物理学者に課せられた大きな課題である。重力波は非常に弱いので、観測装置も巨大化し、感度を得るためにはさまざまな雑音を取り除く工夫が必要なことをすでに述べた。それでも受信する信号は、おそらく雑音にまぎれた中から見つけ出すような作業になるだろう。このデータ解析の手法の一つが、マッチド・フィルタ（matched filter）解析というもので、予想される波形と実際に雑音にまぎれた観測データの相関を取ることによって、効率よく重力波信号を抜き出そうという考えである。そのためには、正確な重力波の波形予想が必要になる。しかも重力波の波形は星の質量や回転の大きさ、合体の時刻や軌道の向きなど、パラメータがたくさんあるので、それぞれに対応した波形のテンプレートを多数用意しておく必要がある。

究極的には、アインシュタイン方程式をスーパーコンピュータでシミュレートすれば、波形は計算できることになるが、これはそれほど簡単な問題ではない（次節で述べる）。そこで、さまざまな計算方法・解析方法が工夫され改良されてきている。

中性子星連星の合体で発生する重力波

中性子星連星の合体で発生する重力波の波形は、ここ30年の間に精力的に調べられ、だいぶわかってきた。図53（３０２ページ）に示したのは、予想される重力波の波形である。図は左から右へ時間経過で表している。左の方から説明しよう。

連星が互いに周回している状態（この状態をインスパイラル状態という）では、周期的な重力波が発生する。例えば１つの星が１時間で１回周回運動するとき、観測する我々からは加速と減速を２回繰り返しているので重力波の周波数は１時間あたり２回（１／１８００Hz）

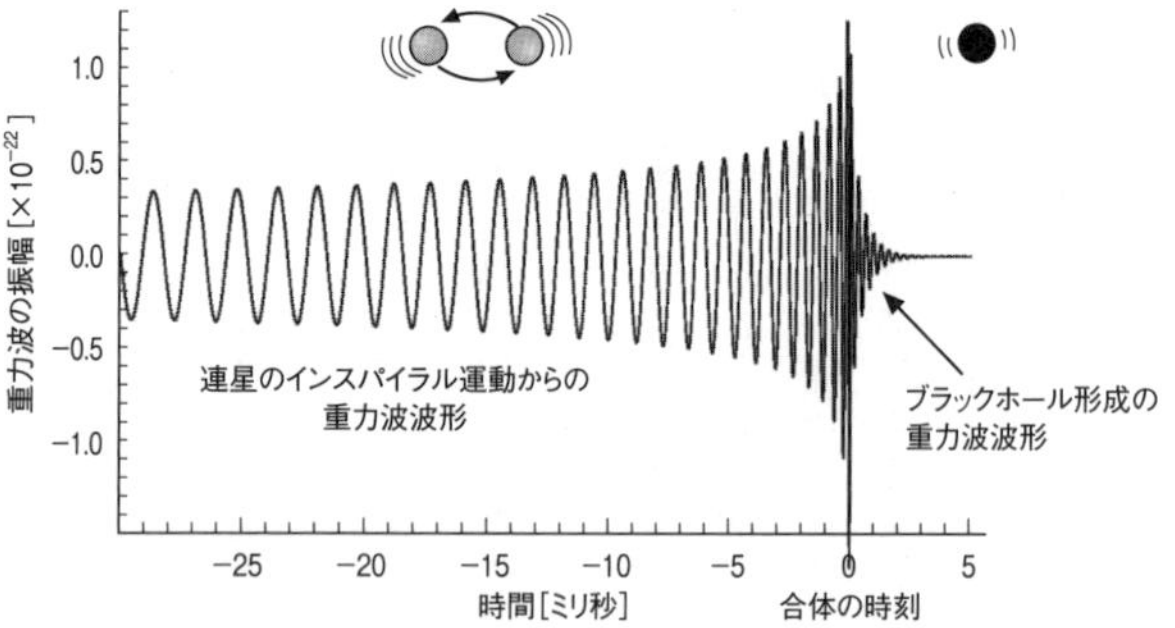

図53　連星中性子星の合体の前後で放出される重力波の波形。合体直前には、だんだんと振幅を大きくしながら、1kHzに近い周波数にまで上がる。合体後にブラックホールが形成されるとすると、周囲の時空のゆがみはブラックホールに飲み込まれてしまい、重力波は急速に減衰する。この減衰部分が観測されれば、ブラックホールを直接観測したことになる。

になる。重力波を放出しながらエネルギーが失われていくと、連星の公転周期は短くなる。重力波の周波数はどんどん上がり、振幅も大きくなっていく。中性子星連星の場合、合体の３分前には、およそ20Hzになり、この時点からおよそ２５００回転して合体する。合体時の重力波の周波数はおよそ１・４kHz前後であると考えられている。

この周波数は我々が音として聞く周波数と同じである。テレビやラジオの時報は、４４０Hzと８８０HzのA（ラ）の音であるから、重力波の信号を音に直すと連続的に振動しながら次第に音量が大きくなっていく音になる。周波数が上がっていく様子を鳥のさえずりに例えて、チャープ信号（chirp signal）とも呼ぶ。

図53に示したようなチャープ信号は、ポスト・ニュートン近似と呼ばれるアインシュタイン方程式の近似式から得られる。これは、中性子星の周回速度が光速に比べて小さいので、直接アインシュタイン方程式を解かないでも正しい結果になると考えられているからだ。ただ、ポスト・ニュートン近似の式を導出するのもなかなか高度な計算が必要とされる。しかも「正確な」波形を予想するためには、理論式が０・１％以下の精度を持つ必要があり（というのは２５００回転する間に１回転でもずれれば合体時間が異なってしまうからだ）、そのためには、ポスト・ニュートン近似も６次以上の〔$(v/c)^{12}$以上の〕展開式が必要とされている。

連星が合体する瞬間に、どのような重力波が発生するのかは、コンピュータでアインシュタイン方程式を直接シミュレーションするしか波形予測の手段がない。この計算が可能になったのは、最近10年ほどのことである。中性子星連星の合体のシミュレーションは、京都大学のグループが手法の開発も含めて世界をリードしている。

中性子星連星が合体した後に、ブラックホールが生じるならば、時空のゆがみはすぐにブラックホールに飲み込まれて、重力波は突然止まることになるだろう。図53の右側の部分はその様子を示している。このような減衰していく重力波の様子は、ブラックホールを少しだけゆらす（摂動させる）近似で計算することができる（4・11節）。

もし、実際の重力波信号から最後の減衰振動が抽出されたとしたら、それはまぎれもなくブラックホールが形成された瞬間である。我々は、これまでブラックホールと思われる天体が存在していることを知っているが、実はブラックホールそのものを見たことがない（4・16節）。どれもが周囲のガスの運動などからその領域にブラックホールがあるだろうと予測しているにすぎない。だが、この減衰振動が見られれば、初めて「ブラックホールを発見した」ことになるのである。

最後にブラックホールにならないとすれば、しばらくの間は振動する巨大中性子星として重力波を放出し続けることになるだろう。世界のいくつかのグループが精力的に研究を続けていて、最近では中性子星の状態方程式による影響や、元素合成やニュートリノ放出の影響などを含めた数値シミュレーションが行われ始めている。重力波が日常的に観測され始めるようになれば、これらの方面の物理学が進展することが期待されている。

連星合体としては、ブラックホール同士、あるいはブラックホールと中性子星が組となる連星の合体も考えられる（ブラックホール連星およびブラックホール・中性子星連星はまだ観測されていないが、その存在を疑う物理学者はほとんどいない）。これらの連星合体の解析には、数値シミュレーションが不可欠になる。90年代になって、アメリカで重力波観測に向けて研究の方向性が決まったとき、理論面のリーダーであるソーンは、ブラックホール合体のシミュレーションを二つの竜巻の合体と称した。そして2005年にブレークスルーが起きて、ブラックホールが合体するシミュレーションが可能になるまで、研究者は20年以上ももがき苦しまなければならなかった。

次の節では、アインシュタイン方程式のシミュレーションが実現するまでに、何が難しかったのかを少し述べよう。

6・11　コンピュータシミュレーションの難しさ

筆者が大学院に進学したとき（1992年）、指導教授は、私にアインシュタイン方程式を数値シミュレーションする分野（業界の人間はこれを「数値相対論（numerical relativity）」と呼ぶ）を強く勧めた。しかし私自身、コンピュータに強かったわけでもなく、それはなかなか大変な道筋となった。

当時は、重力波の波形予測という大きな目標はあるものの、アインシュタイン方程式を数値計算することがまだ本当の意味で実現できていなかった。アインシュタイン方程式は計量の10成分についての2階の偏微分方程式だ。しかも楕円型と双曲型が非線形に絡み合う。球対称とか軸対称など時空の対称性を仮定すれば、変数を減らすことができて何とか計算することができたが、連星の合体というような時空の対称性を課さない計算では、当時のスーパーコンピュータをもってしてもお手上げ状態だった。しかも、調べてみると、さまざまな手法上の問題が残されていて、研究テーマがたくさん残されていることがわかる。当時、課題とされていたことは、現在ほとんど解決したが、それらの問題と対処法をいくつか紹介しておこう。

シミュレーションを困難にした要素たち

(一) どのように時間発展をさせるか。4次元時空の取り扱い方法の問題

一般相対性理論は、もともとどんな座標系でも通用する方程式として書かれた理論である。だから、どの座標を時間とするかも自由な形式になっている。例えば、普通のシミュレーションでは時間発展がどうなるのかを調べることが目的なので、一つの座標を時間、あとの三つを空間座標として4次元時空を分けて扱うことが自然に思える(これを3+1分解という)。

時空を3＋1に分ける手法は、古く60年代にアーノウィット（Arnowitt）・デザー（Deser）・ミスナー（Misner）の3人によって提案されており、頭文字をとってADM形式と呼ばれている。

ADM形式を採用したとしても、ある時刻一定面から次の時刻一定面へどのように時間を進めるかは自由である。これを座標条件の設定問題という。後述するように、ブラックホールの特異点を避けたり、重力波を扱いやすくするような座標条件を見つけることが大きな問題で、さまざまな提案や試行の末、現在ではある組み合わせで数値計算がうまく進められるという処方箋が得られるようになった。

ADM形式以外でも、光が伝播する様子を長い範囲で追い求めようとするのならば、光の伝播方向に2次元座標を取り、各点から2次元空間を広げて表現する方法（2＋2分解）も可能になる。重力波発生のシミュレーション問題では、遠方の重力波の波形をどれだけ正確にシミュレートできるかが目的になる。そこで波の発生する部分を3＋1分解で扱い、無限遠にいくほど2＋2分解になるような座標を取るグループもある。

（二）初期値をどう設定するか

一般相対性理論では、その第一歩である初期の状態をどう用意するのか、という準備も大問題である。ニュートン物理学では、自由に物体を配置して、さあ時間発展をスタートしますよ、とできるのだが、相対性理論では、初期値を用意するためにはその初期値が満たす時空のゆがみを整合性をもって用意しなければならない。楕円型の偏微分方程式４本を解く手段が必要になる。これは、初期設定をある程度簡略化したり、現実に即しているモデルに特化して数値的に解く手段を開発することで解決した。

（三）ブラックホールをどう扱うか

相対性理論ではブラックホールの出現が最も面白い研究対象である。しかし、ブラックホール内部には、分母にゼロ割の項が生じる特異点が必ず存在する。無限大になるような値を数値計算することは不可能である。だからブラックホールを扱うシミュレーションをする場合、何らかの工夫で特異点を避ける（特異点に達しないような計算にする、あるいは特異点部分を切り取ってしまう、あるいは特異点の部分を別の時空で置き換えてごまかす）手法が必要になる。

また、どこからがブラックホールになっているのか（どこの場所から・どの時刻から）を示すためには、ブラックホールの地平面を特定しなければならない。正確なブラックホール地平面（事象の地平面：188ページ）の定義は、「光が永久に抜け出せない限界面」であるから、時間発展を長く追った後でそのデータを再解析することによってブラックホールが存在したのかどうかが初めてわかることになる。数値計算上は、もう少し簡単なブラックホール地平面（見かけの地平面：188ページ）の定義（「この時刻ですでに光が外側へ伝播できない限界面」）を用いているのが現在でも大半である。

（四）重力波をどう扱うか

数値計算上で重力波が発生したとしても、現実に観測する重力波はずっと遠方での観測量である。数値計算上の座標条件と遠方での座標条件が違えば、単純に重力波の解釈が異なってくる。何らかの変換公式が必要だった。

実は私が博士論文の一部で議論したのは、この変換公式だった。ADM形式で多くの人が数値計算を実施していながら、現実の重力波の伝播量に変換する議論ができていなかった。そこで、変換公式を提案したのである。当時の私にとって数本めの論文であり、まだ私の名前は無名に近かった。しかし、当時ブラックホールのシミュレーションを精力的に進めていたアメリカのグループ（NCSAグループ）では待ち望まれていた公式だったらしく、その翌年の国際会議の場で「ブラックホール衝突で発生する重力波の部分では、君の公式を使って表現している」と告げられた。私のアメリカでの研究員生活は、彼らのグループで始まることになった。

96年当時は、アメリカではブラックホール連星合体の数値計算を実現しようとする「グランド・チャレンジ・プロジェクト」の予算が獲得されていた。

私が所属した、イリノイ大学のザイデルおよびワシントン大学のスエンのグループでは、誰もがこのシミュレーションコードの開発に参加できるような、共通のフレームワーク作りを開始した。パソコンからスーパーコンピュータまで使えるように、しかもプログラマは機種固有の問題に悩まされることなく、自分の好みの言語（FORTRANかC）でコードを書くことができる、というコンセプトである。このプロジェクトの愛称は、カクタス（サボテンを意味するCactus）で、研究者間には無料でダウンロード可能とした。超並列計算機環境にも対応しているため、数値相対性理論の研究者だけではなく、計算科学の分野からも注目を集めた。

図54は、カクタス・コードで計算されたブラックホール連星の合体直前の重力波波形であ

図54　ブラックホールの合体の直前で放出される重力波の様子。2000年、ドイツ・アインシュタイン研究所のグループのシミュレーションから。波形の抽出には、時間・空間座標から、光座標への変換公式を利用している。

る。私は、このコードの初期値データ・境界条件・重力波波形抽出部分などの開発を行った。カクタス・コードは、現在では、アインシュタイン・ツールキット(Einstein Toolkit)と名称を改めて、メンテナンスが続けられている。

(五)長時間の時間発展解析ができないのはなぜか

90年代の終わりになって、スーパーコンピュータの能力が向上しても、アインシュタイン方程式の数値シミュレーションはなかなか進まなかった。なぜか、時間発展の途中で精度が悪くなり、計算が破綻してしまうのだ。しばらく手探り状態が続いていた時期があった。どうもＡＤＭ形式が良くないのではないか、という気配が業界にあった。

日本では、京都大の中村卓史と彼の学生だった柴田大が、ＡＤＭ形式をベースにした独自の変数を使って、長時間発展シミュレーションに挑んでいた。柴田がイリノイ大にいた頃、滞在先の教授シャピーロ（Shapiro）とその学生だったバウムガルテ（Baumgarte）が中村らの使っていた変数に注目し、同じ計算をＡＤＭ変数と中村らの変数とで比べたところ、後者の方が安定性の良いことを再発見する。この仕事は欧米のグループにもすぐに注目され四者の頭文字をとって、ＢＳＳＮ形式と呼ばれることになった（個人的には、中村らの名前がはじめに冠されるべきだと考えるのだが……）。

この頃、私は、ＡＤＭ形式の不安定性に興味を持ち、当初数学的な観点から安定性が保証されている双曲型偏微分方程式の研究をしていた。ＡＤＭ形式もＢＳＳＮ形式もアインシュタイン方程式の複雑さから、双曲型とは分類されず、安定性を測る他の指標が必要だった。当時私はアメリカにいたが、早稲田大の米田元とこの問題をメールでやりとりしながら研究を進めた。時差の関係から互いが昼の時間を使って研究を進めるため、24時間いつでも何らかの進展があるという素晴らしい展開だった。我々は、数学的にはＡＤＭ形式に問題はないが、数値シミュレーションなどでわずかでも誤差が生じる場合には、ＡＤＭ変数は不安定性を拡大させてしまうこと、ＢＳＳＮ形式はバランスよい変数であるが、さらに安定性を増すような定式化が可能であることを見出した。いわば、数値計算上、安定な面に自動収束させるような定式化の提案である。この考えは「拘束条件式制御」と呼ばれるようになり、２００５年のブレークスルーの一つの要素としてこの業界に定着することになる。

２００５年のブレークスルー

２００５年７月、それまでほとんど無名だったアメリカ・カリフォルニア工科大学の学生プレトリアスが、連星ブラックホールの合体計算に成功した、と報告した。彼は当時、亜流とされていたハーモニック形式と呼ばれる座標条件を用いて独自にコードを完成させ、連星ブラックホールのインスパイラル状態から合体までを追うことに成功した。ほどなくして、テキサス大ブラウンズヴィル校のカンパネリらのグループ（現ロチェスター工科大）と、ＮＡＳＡゴダード宇宙科学研究所のグループが、１週間を空けずに独立にブラックホール連星の合体に成功した、と報告した。２グループが見出した「処方箋」は、当時多くのグループが開発済みの手法の組み合わせであった（ちなみに、あまり専門的なことを本書で説明しても意味がないが、２グループの処方箋とは、ＢＳＳＮ形式にある工夫を行った定式化で、ブラックホールの取り扱いはワームホールを細長くしたものにすり替える「移動パンクチュアル」方法、座標条件は……、時間積分法は……など、長くこの業界にいないとすぐに通じない業界用語が続く）。

多くのグループが同様のコードを開発していたので、すぐに追試され、世界のあちこちでブラックホール連星合体のシミュレーションが実現するようになった。

数年の間に、回転するブラックホール同士の合体をシミュレーションする研究が進み、ライバルとなったグループ間の熾烈《しれつ》な論文投稿争いが続いた。物理的な結果として得られた面白い事実は、回転するブラックホール同士が一体化した後の状態である。一つのブラックホールが持ち得る回転の大きさ（角運動量）には上限がある。このような最大に近い角運動量を持つ二つのブラックホールが合体したらどうなるだろうか。角運動量は合体後のブラックホールにとっては行き場がなくなる。例えばどちらも時計回りのように回転の向きが揃っていたとすれば、なおさらである。その場合は行き場のなくなった角運動量はブラックホール自体の運動量に転じ、ブラックホールは自らが弾丸のように飛び出すことになるという。シミュレーションの結果によれば、最大秒速２０００kmで飛び続けるブラックホールがあるかもしれない、ということだ。確率的には小さいかもしれないが、夢のある話（危ない話？）である。

6・12　重力波から何がわかるか

図53（302ページ）に示したような、中性子星連星あるいはブラックホール連星が合体したときの重力波が検出できたとして、物理的に何がわかったことになるのだろうか。もちろん、重力波が存在していて、それが直接確認できた、という第一報はノーベル賞受賞に相当するものだが、物理学はそこで終わるものではない。研究者が予想しているものを挙げてみよう。

（一）合体前のインスパイラル時の波形からわかること

連星がインスパイラル運動をしているときの重力波波形はだんだんと周波数が上がり、振幅も大きくなるチャープ信号だった。このチャープ信号の周波数変化は連星の二つの星の質量の組み合わせ（チャープ質量）で決まる。振幅の変化は全質量で決まり、振幅の大きさは地球から連星までの距離で決まる。重力波には二つのモードがあるが、そのモードの強さの比から、連星の軌道が地球に対してどれだけ傾いているのかがわかる。波形の対称性から軌道の離心率がわかり、波形の不規則性から連星の持つ自転角運動量がわかる……。このように、連星の軌道パラメータや、質量・角運動量などがわかることになる（そのためには、これだけのパラメータにいろいろ値を代入したテンプレートを用意しなければならないが）。

（二）合体時と合体後の波形からわかること

もし、合体後に減衰波形が観測されたならば、それはまさしくブラックホールが誕生したことを示す。そして、減衰波形の周波数や減衰率から、形成されたブラックホールの質量と角運動量がわかることになる。逆に、もし合体後に減衰波形が見られず、長く続く重力波が見られた場合は、重くて回転の速い中性子星が形成されたことを意味するので、そのような星の存在から原子核の状態方程式（圧力と密度の関係式）に制限をつけることができる。高密度の原子核がどのような状態になっているのかは、実験が難しく、理論が決まっておらず、いろいろな候補となる式が提案されている。連星の合体する瞬間がどこから始まって、どう進行するのかは、状態方程式の違いに大きく影響することがシミュレーションで報告されている。

(三) 重力波の統計からわかること

重力波の観測データが数十件蓄積されると、その統計から、ブラックホールの量や、ブラックホールの成長のしくみもわかるかもしれない。今、我々が予想している重力波検出のイベント数が、実際に検出するイベント数より多かったり少なかったりすれば、予想に用いた理論のどこかが悪かったことになる。星の形成や進化のシナリオが修正されることになるだろうし、不明だった理論のパラメータが決まっていくことにもなるだろう。検出される重力波の数と重力波源の距離の間に何らかの関係が見つかれば、銀河系の進化モデルの解明に情報が加わることになる。例えば、銀河系の中心には超巨大ブラックホールが存在していることがわかっているが（4・9節参照）、どのようにしてこのようなブラックホールが形成されたのか、そのシナリオは不明である。もし、これらがブラックホールが次々に合体してできあがっているのなら、その合体の痕跡が重力波のデータ数に見えるはずだ。

(四) 予想外の結果が得られること

研究者が密かに期待しているのは、まったく予想もしていなかった新しい結果が得られることだ。パルサーの発見も、ブラックホールの発見も天文学者たちが見つけようとして見つけたものではなかった。おそらく重力波も、波形にしろ頻度にしろ、これまで研究者が必死に予測しようと計算していたものとは違う結果が得られるかもしれない。

例えば、アインシュタインの相対性理論が実は少し修正を要するものだった、とか、時空の次元が実は4次元ではなかった、とか、宇宙の空間のトポロジーには実は異常があった、とか……。これまでの天文学の歴史を見ても、光学望遠鏡・赤外線望遠鏡・電波望遠鏡・X線望遠鏡といろいろ新たな波長で観測が始まるたびに、宇宙に関して予想もされなかった事実が判明してきた。きっと、重力波望遠鏡でも予想外の発見があり、そして宇宙への理解が大きく進むことになることを期待したい。

6・13 第一世代の重力波干渉計の成果

重力波非検出の成果

レーザー干渉計を用いた観測の話に戻ろう。

いち早く完成して観測を開始した日本のＴＡＭＡ（腕の長さ３００ｍ）は、２０００年には重力波検出器として世界最高感度10^{-21}を達成したり、01年と03年にはのべ１０００時間の観測時間を達成したりと、世界に先駆けて技術的な成果をあげた。しかし、この感度では中性子星連星合体は天の川銀河内のものしかターゲットにできず、その頻度は10万年に1回とも考えられていたため、おおかたの予想通り（?）重力波の発見には至らなかった。（ただし、見つからなかったという事実から、連星パルサーの生成率の上限が得られたことも成果の一つである）。日本のグループは、実際の重力波発見に必要な2桁の感度向上を目指して、次世代の干渉計に向けた技術開発を進めていった。

アメリカのＬＩＧＯ（腕の長さ４㎞）は、本格的な稼働が開始されるとすぐにＴＡＭＡの感度を上回り、７０００万光年先（20メガパーセク）の中性子星連星をとらえることのできる感度を達成し、２年以上の実観測を行った。ＬＩＧＯはＧＥＯやＶＩＲＧＯとも共同でデータ解析を実施したが、２０１０年まで残念ながら重力波の発見には至らず、機器のアップデートのためにひとまず運用を停止した。こちらも重力波を発見しなかったものの、次のような成果を得ている。

・定常的に重力波を放出していると考えられる「かにパルサー」（距離６３００光年）からの重力波が観測できなかった。かにパルサーは、１０５４年に観測された超新星SN

1054の残骸で、現在では33ミリ秒の周期で自転している中性子星のパルサーである（おうし座の方向に観測された超新星で、超新星爆発後のガスがかに星雲を形成している。藤原定家の『明月記』にも伝聞形で記録が残る超新星で、23日間にわたって日中でも見えるほどに輝き、653日間にわたって夜中に観測できた、とされている）。このパルサーからの重力波が観測できなかったことから、回転減少率から計算される重力波の計算はかなり大きく見積もられていることがわかった。

・05年と07年の観測期間中に発生したショートガンマ線バーストGRB 051107、GRB 070201の発生源に制限がつけられた。あるときに突然明るくガンマ線を放射し、すぐに消えて見えなくなるガンマ線バースト現象は、中性子星連星の合体で生じる放射ではないかとも考えられている。05年のガンマ線バーストはM81（3・6メガパーセク）の銀河方向からであり、07年のガンマ線バーストはアンドロメダ銀河（770キロパーセク）の方向から観測された。どちらの日もLIGOの重力波干渉計では観測中だったが、関係しそうな重力波は観測されていなかった。そのため、ガンマ線バースト源がM81やアンドロメダ銀河で生じたという説が棄却された。

ちなみに、LIGOのデータ解析グループでは、「重力波を発見」と決定するまでに、いくつもの厳しいチェック体制が敷かれている。この観測期間内でも発見の報告直前までいった候補イベントが一例あったらしいが、何らかの理由で発見とまではされなかったそうだ。また、数百人ものメンバーからなるデータ解析グループがきちんと機能しているかどうかをチェックするために、グループのトップが極秘に偽の重力波データを本物のデータにまぎれ込ませておき、それがきちんと候補イベントとして上がってくるかどうかというブラインドテストも実施しているそうだ（空港での麻薬探知犬も、ときどき麻薬を発見してご褒美をもらわないと働かないそうで、私は空港で検査官に「このような理由ですのであなたの荷物に粉を入れさせてください」と頼まれたことがある。犬がきちんと発見したので感心した）。

2010年9月16日の深夜、重力波のデータを解析していたチームは、おおいぬ座の方向から重力波が到達した可能性を感知した。データ到着から8分後には解析チームにメールが届き、全員興奮したものの、即座にきちんとした結果が出る6ヶ月後まで箝口令《かんこうれい》も敷かれたそうだ。通称「ビッグ・ドック」と名付けられたそのイベントは、LIGOの二台の干渉計の他、同時に稼働していたGEOとVIRGOでも観測されていた。ブラックホール同士かブラックホールと中性子星連星の合体現象と考えられる波形であり、数々のチェック項目をパスしたために誰もがついに重力波を初めて検出した、と考えたそうだ。しかし、11年3月14日の最終判定会議において、ブラインドテストだったかどうかの封筒が開封されたところ、9月16日のイベントが記されていた、とのことである。実際に解析に携わり、ぬか喜びに終わった人には残念な結果だったが、逆に解析方法の正しさを証明した、と当事者たちは自慢げに会議でこの話を披露している。

6・14 重力波観測の将来計画

第二世代の重力波干渉計

2010年頃までの観測では、残念ながら重力波を検出することはどの干渉計もできなかった。そこで各国では、さらに感度を高めた第二世代の重力波干渉計にアップデートして観測する計画を進めている。目標は感度を1桁上げることである（雑音レベルを1桁下げることでもある）。感度が1桁上がるならば、10倍先にある重力波源がターゲットになる。距離が10倍遠くなるならば、体積比で1000倍である。第一世代よりも1000倍もの銀河がある空間を狙うことになるので、重力波を検出する率も1000倍になる、というわけだ。

だが、１桁といってもなかなかたいへんである。第二世代の特徴としては、これまでの干渉計構造よりも鏡の防振システムを強化したり、レーザー光を調整して量子ゆらぎに起因する雑音を注目したい周波数のところだけ最適化する（パワーリサイクリング）ようなシステムを導入することになっている。ＬＩＧＯはAdvanced LIGOという名称で二台の干渉計を同時にアップグレードし、ＶＩＲＧＯもＧＥＯもそれぞれ同様のアップグレードを行っている。ＬＩＧＯは本稿執筆時の15年７月の時点で改良された装置のテストを終えており、15年９月から実際の観測体制に入る、とアナウンスしている。

日本は、新たに岐阜県神岡の山中にＫＡＧＲＡ（かぐら）と名付けた新しいレーザー干渉計を建設中である。ＫＡＧＲＡは、神岡重力波天文台（Kamioka Gravitational Observatory）の頭文字をとったものだ。腕の長さは３㎞で、ＬＩＧＯよりやや小ぶりではあるが、レーザー干渉計全体を山の中にトンネルを掘削して設置することで地面振動を抑えることにして、さらに装置全体を低温（マイナス２５０度）にして熱雑音を軽減させる計画で、感度はＬＩＧＯと同じ程度のものに到達する戦略である。普通の冷却装置では例えば液体ヘリウムなどの冷媒を循環させて冷やすために、ポンプなどで振動が発生してしまう。重力波観測では振動を抑えることが重要なので、世界最低振動の冷凍器を開発している。現在ＫＡＧＲＡはトンネルの掘削を終え、機器の搬入を行っている。15年12月にはレーザー光照射のテストを実施し、２０１７年から観測体制に入る、とのことである。

Advanced LIGOもＫＡＧＲＡも、ターゲットにできる連星中性子星合体現象は、7億光年先（２００メガパーセク）までになる。おそらく、1年間に10個程度の重力波を検出でき、重力波観測が天文学として開始できるものと期待される。

人工衛星を使った重力波観測計画

天文学では、可視光領域での望遠鏡の他に、赤外線やＸ線・電波望遠鏡などもあり、さまざまな波長帯で観測することによって、同じ天体でも異なる情報が得られたり、新しい発見がもたらされたりしている。重力波観測でも、地上でのレーザー干渉計で狙える10Hzから１０００Hzの周波数帯の他にも観測する帯域があれば、重力波天文学として、新たな発見が得られることが期待される。

銀河系の中心には、太陽質量の数百万倍の超大質量ブラックホールが存在するが、そのようなブラックホールが合体したり、他の星を飲み込んだりするときには、ミリヘルツ帯の低周波数での重力波が放出されることになる。また、初期宇宙について考えてみると、電磁波を用いるならば、宇宙背景放射の生じる瞬間（宇宙誕生後38万年）までしか我々は観測することができないが、それより前の宇宙を重力波で探ることも可能になる。このような低周波数での重力波を観測するには、レーザー干渉計の腕の長さを数百万㎞とる必要があり、宇宙空間に作るしか方法がない。

このような理由から、人工衛星を打ち上げてレーザー干渉計を構成し、重力波を観測する計画がある。日本が計画するＤＥＣＩＧＯ（ディサイゴ）計画は、「０・１Hz帯干渉計型重力波天文台（DECi-hertz Interferometer Gravitational Wave Observatory）」の頭文字をとったものだ。ＫＡＧＲＡの次に待ち構える日本の将来計画である。ＤＥＣＩＧＯは、１０００㎞離れたところに、三台の人工衛星を配置し、重力波によって引き起こされる衛星間の距離のごく微小な変化を、レーザー干渉計を用いて計測する計画である。この計画が実現すると、10^{-3} Hzから10Hzの帯域の重力波を観測することができるようになる（実は、アメリカ・ヨーロッパでも同様の計画が進んでいた。LISA〈Laser Interferometer Space Antenna〉と名付けられた宇宙空間に５００万㎞の腕をもつ干渉計を3台の人工衛星で構成する予定だったが、予算の関係で、研究計画が中断している）。

日本では、ＤＥＣＩＧＯで必要な技術を宇宙空間で実証するための試験衛星として、ＤＥ

CIGOパスファインダー（DECIGO Pathfinder）と名付けられた小さな衛星を数年以内に打ち上げる計画が進んでいる。JAXA／ISASの推進する小型科学衛星の重点候補の一つになっているそうだ。もし、読者の中に関係者がおられたら、世界の先陣を切って日本が宇宙空間での重力波観測ができるよう、応援をお願いしたい。

期待される天文学との連携

日本では、KAGRAが稼働開始する日を目標にして、重力波以外の天体観測装置と連携して観測する「重力波マルチメッセンジャー観測網」を作る体制が進んでいる。もし、重力波が観測されたならば、その方向に対応する天体を、可視光や赤外線の望遠鏡を向けて探し出し、あるいはニュートリノが飛来しているかどうかを調べるなどのフォローアップ観測体制を作ることである。あるいはこの逆に、電磁波観測されたデータから、連星合体や超新星爆発の予測ができるならば、重力波検出のデータ解析も絞り込みやすくなる。両観測を相補的に利用することで、多角的な重力波源の理解が進むことになるだろう。

LIGOでの実際の観測が始まるアメリカでも、AMON（Astrophysical Multimessenger Observatory Network）という名称で、「重力波マルチメッセンジャー観測網」を構築している。先に述べたように、重力波そのものの観測には、少なくとも三台のレーザー干渉計がないと、重力波源の方向を特定するのは難しい。国際協力や、研究分野を超えた協力で、これからますます天文学・宇宙物理学は面白い現象を解明していくことになるだろう。

現時点での重力波研究の状況

２０１５年夏の時点での重力波研究の現状をまとめておこう。

連星パルサーの発見により、重力波の存在が間接的にだが確かめられた。日本・アメリカ・ヨーロッパでは、巨大なレーザー干渉計を作り、重力波の直接観測を始めようとしている。第二世代として観測感度を上げた干渉計が２０１５年から順次稼働を始め、重力波の初観測に期待がかかっている。また、宇宙空間に人工衛星を打ち上げて、重力波検出を進める計画も進行している。

重力波の観測が実現されると、中性子星の軌道パラメータがわかるだけではなく、これまで不明だった原子核の状態方程式が決まったり、ブラックホールが形成される直接の証拠を得ることにもなる。また、銀河中心のブラックホールの形成過程や、初期宇宙の解明、あるいは重力理論の検証にもつながることが期待されている。これまでの天文学の発展をみるとそうであったように、もしかすると、我々の予想もしていなかった現象に出会うことができるかもしれない。

重力波の直接観測は、アインシュタインが我々に残した最後の宿題のようなものだ。一般相対性理論が提出されて100年経つ今、ようやく我々は、その宿題を提出しようとしている。

あとがき

本書では、一般相対性理論が導き出すブラックホール・膨張宇宙・重力波の三つの主要なテーマについて概観した。１００年前の状況から現代まで、描き方には濃淡があったかもしれないが、相対性理論にまつわる話題を楽しんでいただけたら幸いである。

物理学の発展の歴史を紐解けば、普通は、実験や観測データを前にして、多数の学者が喧々諤々《けんけんがくがく》の議論をしている姿がある。しかし、相対性理論は、例外的に一人の天才アインシュタインが「美しさ」を求めて理論を創りあげてしまった。扱う対象が「時空」であるこの学問は、創りあげたアインシュタイン自身、現実生活と直接関わることはないだろうと考えていた。本書で描いたように、１９５０年代の終わり頃まで、一般相対性理論はほとんど見向きもされなかった。

天文学や素粒子物理学との連携が始まったのは「最近のこと」である。そして、100年が経った今、高次元時空の解析が他の物理学に使われようとしている。膨張宇宙を疑う人はいないし、重力波を使った天文学も始まろうとしている。カーナビなどのGPSシステムでは、相対性理論の効果(人工衛星の速度補正、地球重力の赤方偏移効果など)を入れないと正しい値が計算されず、私たちは日々、相対性理論の恩恵に与《あずか》っている。

宇宙年齢が「137億年±1億年」という数字が示されたのは、わずか12年前のことだった。はたして100年後、いや10年後、私たちはこの分野でどんな進展を紹介できるのだろうか。ぜひ、ご注目いただきたい。

＊　＊　＊

紙数の都合で詳しくは書けなかったが、アインシュタインの相対性理論は、この100年間に数々の検証実験を見事にパスしてきている。これまでに実に多くの(そして今でも多くの)重力理論が提案され、研究論文が量産されているが、その中でも最もシンプルな形のアインシュタインの式だけが生き残り、実験や観測を説明していることには驚くばかりである。この分野の面白さについては、少し古いがクリフォード・ウィル著の『アインシュタインは正しかったか』(TBSブリタニカ、1989)がお薦めである。

また、相対性理論ではマイナーな分野になるが、タイムマシンにまつわる研究テーマもある。タイムマシンに関するエピソード等は、拙著『図解雑学　タイムマシンと時空の科学』(ナツメ社、2011)にて紹介しているので、本書では割愛した。宇宙論に関する話は、光文社新書として、同期の松原隆彦君が3冊も出版しているので、ご興味を持たれた方はそちらをお薦めしたい。

著者は、物理学史を専門としているわけではないので、相対性理論の歴史を俯瞰する本書の試みは無謀だったのかもしれない。最近出版されたアルベルト・A・マルティネス著『科学神話の虚実　ニュートンのりんご、アインシュタインの神』(青土社、2015)では、これまでの書籍がいかに無責任に他書の孫引きをしているかについて例をあげて指摘している。本書執筆にあたっては、できるだけ原著・原論文・複数の書籍にあたって書き進めたが、それでも誤りがあるかもしれない。お気付きの点があればご指摘いただければ幸いである。

私がこれまで所属した研究機関でのボスだった、前田恵一氏、クリフォード・ウィル氏、エドワード・ザイデル氏、アブハイ・アシュテカ氏、戎崎俊一氏に改めてこれまでの研究上の交流にお礼を申し上げるとともに、現在、ときどきお邪魔している大阪市立大学・京都大学の相対性理論グループの方々にもお礼申し上げたい。チャペルヒル会議に関しては、ガブリエル・ゴンザレス氏に参考資料を教えていただいた。校正時に意見をくださった木村瞳さんと、妻の理香に感謝します。

最後に、私に本書出版の話をご提案され、原稿完成まで辛抱強くお待ちいただいた上に、私がページ数を間違えて一冊分をはるかに超えて原稿を執筆してしまったため、編集段階では週末出勤までしなくてはいけなくなった光文社の小松現氏に、感謝とお礼とおわびを申し上げます。

2015年8月

真貝寿明

【第6章】重力波で見る100年

1. クリフォード・M・ウィル著、松田卓也・二間瀬敏史訳『アインシュタインは正しかったか？』（TBSブリタニカ、1989）
2. 《アインシュタインの重力波否定騒動》D. Kennefick, Physics Today 58 (2005-9) ;（パリティ 21（2006-5））に邦訳あり。訳：小玉英雄）
3. 《チャペルヒルの国際会議の収録》Review of Modern Physics 29 (1957), issue 3 にあるが、会議開催の経緯なども追記された収録の復刻版が、次のサイトから入手できる。
   http://www.edition-open-access.de/sources/5/index.html
4. 《LIGO広報誌のアイザクソン氏の肖像画》LIGO magazine 6（2015-3）の14ページ。
   http://www.ligo.org/magazine/LIGO-magazine-issue-6.pdf

【あとがき】

1. 真貝寿明『図解雑学　タイムマシンと時空の科学』（ナツメ社、2011）
2. アルベルト・A・マルティネス著、野村尚子訳『科学神話の虚実　ニュートンのりんご，アインシュタインの神』（青土社、2015）

【第 4 章】ブラックホールで見る 100 年

1. キップ・S・ソーン著、林一・塚原周信訳『ブラックホールと時空の歪み』（白揚社、1997）
2. アーサー・I・ミラー著、阪本芳久訳『ブラックホールを見つけた男』（草思社、2009）
3. A.S. Eddington, *The Internal Constitution of the Stars*（Cambridge University Press, 1926）
4. J. A. Wheeler, *Geons, Black Holes, and Quantum Foam: A Life in Physics,*（W. W. Norton, 1998）
5. スティーヴン・W・ホーキング著、林一訳『ホーキング、宇宙を語る』（早川書房、1995）
6. 《カー解の発見》F. Melia, *Cracking the Einstein Code,*（University of Chicago Press, 2009）.
7. 《チャンドラのモネの絵の講演録》S. Chandrasekhar, "Shakespeare, Newton, and Beethoven", Ryerson Lecture, University of Chicago, 1975; reprinted in S. Chandrasekhar, "Truth and Beauty", (University of Chicago Press, 1987)）［Chandrasekhar 論文集（7）に所収］
8. 《脱毛定理》R. Ruffini and J.A. Wheeler, Physics Today（1971）30.
9. 《LHC の安全宣言》Review of the Safety of LHC Collisions, http://arxiv.org/abs/0806.3414
10. 《映画インターステラーの CG に関する論文》
O. James, *et al.* Classical Quantum Gravity, 32（2015）065001（http://arxiv.org/abs/1502.03808）;
O. James, *et al.* American Journal of Physics, 83（2015）486（http://arxiv.org/abs/1502.03809）

【第 5 章】宇宙論で見る 100 年

1. 《宇宙項の撤回》G. Gamow, *My World Line*（Viking, New York, 1970）
2. 《ハッブルの論文とルメートルの論文》
S. van den Bergh,（http://jp.arxiv.org/abs/1106.1195）;
M. Livio, Nature 479（2011）171;
須藤靖、日本物理学会誌（2012-5）, 311.

参考文献

【第1章】アインシュタインとその時代

アインシュタイン個人に関する書籍は多数あるが、次のものを参考にした。
1. J. Stachel, *Einstein from 'B' to 'Z'* (Birkhäuser, Boston, 2002)
2. アブラハム・パイス著、西島和彦監訳『神は老獪にして…』(産業図書、1987)

アインシュタインの論文タイトルの邦訳は、次の文献に従った。
3. 湯川秀樹監修、井上健・谷川安孝・中村誠太郎訳『アインシュタイン選集 (1) 特殊相対性理論・量子論・ブラウン運動』(共立出版、1971)
4. 湯川秀樹監修、内山龍雄訳『アインシュタイン選集 (2) 一般相対性理論および統一場理論』(共立出版、1970)

【第2章】特殊相対性理論

1. アルバート・アインシュタイン著、中村誠太郎・五十嵐正敬訳『自伝ノート』(東京図書、1978)

【第3章】一般相対性理論

1. 《導出に関するエピソード》第1章の文献1、2と、
ローリー・ブラウンほか編『20世紀の物理学 (1)』(丸善、2004)
2. 《日本訪問》
アルバート・アインシュタイン著、杉元賢治編訳『アインシュタイン日本で相対論を語る』(講談社、2001)
金子務著『アインシュタイン・ショック (I/II)』(岩波現代文庫、2005) もとは (河出書房新社、1981)
アルバート・アインシュタイン『大正十一年アインシュタイン教授の日本感想記』(1919)、[石原純著、岡本一平画の『アインシュタイン講演録』(東京図書、1971) に所収]
3. 《ノーベル賞》第1章の文献1、2と、
中村誠太郎・小沼通二編『ノーベル賞講演　物理学 (3)』(講談社、1980)

マルダセナ	Juan Maldacena（1968－）4・14
ミスナー	Charles W. Misner（1932－）6・4、6・8、6・11
モーリー	Edward W. Morley（1838－1923）2・4
ラウエ	Max T. F. von Laue（1879－1960）3・1
ラザフォード	Ernest Rutherford（1871－1937）4・6
ラッセル	Henry N. Russell（1877－1957）4・3
ランダウ	Lev D. Landau（1908－68）4・6
ランチョス	Cornelius Lanczos（1893－1974）5・3
ランドール	Lisa Randall（1962－）4・15
リース	Adam G. Riess（1969－）5・10
リンドラー	Wolfgang Rindler（1924－）4・8
ル・ヴェリエ	Urbain J.J. Le Verrier（1811－77）1・2、3・1
ルービン	Vera Rubin（1928－）5・8
ルメートル	Georges-Henri Lemaître（1894－1966）5・4、5・5
レイリー	John W. S. Rayleigh（1842－1919）1・2
レーマー	Ole C. Rømer（1644－1710）2・2
レッジェ	Tullio Regge（1931－2014）4・11
ローゼン	Nathan Rosen（1901－95）6・2
ローレンツ	Hendrik A. Lorentz（1853－1928）2・5
ロバートソン	Howard P. Robertson（1903－1961）5・4、6・2
ロビンソン	David C. Robinson（??－）4・10
ワイズ	Rainer Weiss（1932－）6・8

主な登場人物（日本人）、索引

五十音順に、本書登場の節を示す。

石原純（1881－1947）	3・5
内山龍雄	6・4
小田稔（1923－2001）	4・9
小玉英雄	5・9
佐々木節	4・15、5・9
佐藤勝彦	5・9
佐藤文隆	4・12、5・9
冨松彰	4・12
中村卓史	4・12、6・9、6・11
林忠四郎（1920－2010）	5・6
前田恵一	4・15、5・9
若野省己	4・7

ハレー　Edmond Halley（1656－1742）1・2
ピーブルス　P.J.E. Peebles（1935－）5・7
ヒューイッシュ　Antony Hewish（1924－）6・6
ピラーニ　Felix A. E. Pirani（1928－）6・2
ヒルベルト　David Hilbert（1862－1943）3・3
ファインマン　Richard P. Feynman（1918－88）4・7、6・4
ファウラー　Ralph H. Fowler（1889－1944）4・5
ファラデー　Michael Faraday（1791－1867）1・2
フィゾー　Armand H. L. Fizeau（1819－96）2・2
フィッツジェラルド　George F. FitzGerald（1851－1901）2・5
フィンケルスタイン　David Finkelstein（1929－）4・8
フーコー　Jean B. L. Foucault（1819－68）2・2
プライス　Richard Price（1943－）4・11
ブラウン　Robert Brown（1773－1858）1・3
プランク　Max K. E. L. Planck（1858－1947）1・2
ブランドフォード　Roger Blandford（1949－）4・10
フリードマン　Alexander A. Friedmann（1888－1925）5・4
ベーテ　Hans Bethe（1906－2005）4・3、5・6
ベッケンスタイン　Jacob Bekenstein（1947－2015）4・11、4・13
ペラン　Jean B. Perrin（1870－1942）1・3
ベル　Jocelyn Bell Burnell（1943－）6・6
ヘルツ　Heinrich R. Hertz（1857－94）1・2、2・3
ヘルツシュプルング　Ejnar Hertzsprung（1873－1967）4・3
ペンジアス　Arno A. Penzias（1933－）5・7
ペンローズ　Roger Penrose（1931－）4・8、4・10、4・11、4・12、4・13
ホイーラー　John A. Wheeler（1911－2008）4・7、4・8、4・11、6・4
ホイヘンス　Christiaan Huygens（1629－1695）2・2
ホイル　Sir Fred Hoyle（1915－2001）5・6
ボーア　Niels H. D. Bohr（1885－1962）3・6、4・2
ホーキング　Stephen W. Hawking（1942－）4・9、4・12、4・13、4・14
ボルツマン　Ludwig E. Boltzmann（1844－1906）1・2
ボンディ　Sir Hermann Bondi（1919－2005）5・6
マイケルソン　Albert A. Michelson（1852－1931）2・4
マクスウェル　James C. Maxwell（1831－79）1・2、2・3
マザー　John C. Mather（1946－）5・7

シュミット　Brian P. Schmidt（1967－）5・10
シュレーディンガー　Erwin R. J. A. Schrödinger（1887－1961）4・2
シルド　Alfred Schild（1922－77）4・10
シルバーシュタイン　Ludwik Silberstein（1872－1948）3・4
ストロミンジャー　Andrew Strominger（1955－）4・14
スナイダー　Hartland Snyder（1913－62）4・6
ズナジェック　Roman Znajek（??－）4・10
スムート　George F. Smoot III（1945－）5・7
ソーン　Kip S. Thorne（1940－）4・8、4・12、4・16、6・8、6・10
ゾンマーフェルト　Arnold J. Sommerfeld（1868－1951）3・3、4・2、4・5
チャドウィック　James Chadwick（1891－1974）4・6
チャンドラセカール　Subrahmanyan Chandrasekhar（1910－95）4・3、4・5、4・10
チョプティック　Matthew W. Choptuik（??－）4・12
ツヴィッキー　Fritz Zwicky（1898－1974）4・6、5・8
ディッケ　Robert H. Dicke（1916－97）5・7
テイラー　Joseph H. Taylor, Jr.（1941－）6・7
ディラック　Paul A.M. Dirac（1902－84）4・2、4・5
ド・ジッター　Willem de Sitter（1872－1934）3・4、4・14、5・3
トイコルスキー　Saul Teukolsky（1947－）4・11、4・12
ドウィット　Bryce S. DeWitt（1923－2004）6・4
ドウィット　Cécile DeWitt-Morette（1922－）6・4
トールマン　Richard C. Tolman（1881－1948）4・6
トフーフト　Gerard 't Hooft（1946－）4・14
トムソン　Joseph J. Thomson（1856－1930）3・5
ニュートン　Isaac Newton（1642－1727）1・2、5・1
ニューマン　Ted Newman（1929－）4・11
ノヴィコフ　Igor D. Novikov（1935－）4・11
ハーシェル　Sir Frederick W. Herschel（1738－1822）1・2
バーデ　W.H. Walter Baade（1893－1960）4・6
パールムッター　Saul Perlmutter（1959－）5・10
パイス　Abraham Pais（1918－2000）3・6
ハイゼンベルク　Werner Heisenberg（1901－76）4・2
パウリ　Wolfgang E. Pauli（1900－58）4・2、4・5
ハッブル　Edwin P. Hubble（1889－1953）5・5
ハルス　Russell A. Hulse（1950－）6・7

主な登場人物（日本人以外）の英語表記、索引

和訳苗字の五十音順に、(生年－没年)、本書登場の節を示す。

アイザクソン	Richard A. Isaacson (??－) 6・8
アインシュタイン	Albert Einstein (1879－1955) 全編
アシュテカ	Abhay Ashtekar (1949－) 5・9
アルカニハメド	Nima Arkani-Hamed (1972－) 4・15
アルファ	Ralph A. Alpher (1921－2007) 5・6
イズラエル	Warner Israel (1931－) 4・11
インフェルト	Leopold Infeld (1898－1968) 6・2
ヴィーン	Wilhelm C. W. O. F. F. Wien (1864－1928) 1・2
ウィルソン	Robert W. Wilson (1936－) 5・7
ウェーバー	Joseph Weber (1919－2000) 6・5
ウォーカー	Arthur G. Walker (1909－2001) 5・4
ヴォルコフ	George Volkoff (1914－2000) 4・6
エディントン	Sir Arthur S. Eddington (1882－1944) 3・4、4・3、4・4、4・5、4・8、6・1
オールト	Jan Oort (1900－92) 5・8
オッペンハイマー	J. Robert Oppenheimer (1904－67) 4・6
カー	Roy Kerr (1934－) 4・10
カーター	Brandon Carter (1942－) 4・10、4・11、4・13
カッシーニ	Giovanni D. Cassini (1625－1712) 2・2
カプタイン	Jacobus C. Kapteyn (1851－1922) 5・1
ガモフ	George Gamow (1904－68) 5・6、5・7
ガリレイ	Galileo Galilei (1564－1642) 1・2、2・2
カルツァ	Theodor Kaluza (1885－1954) 4・15
グース	Alan H. Guth (1947－) 5・9
クライン	Oskar Klein (1894－1977) 4・15
グロスマン	Marcel Grossmann (1878－1936) 1・1、3・1
クロンメリン	Andrew C. C. Crommelin (1865－1939) 3・4
ケプラー	Johannes Kepler (1571－1630) 1・2
サスカインド	Leonard Susskind (1940－) 4・14
サンドラム	Raman Sundrum (1964－) 4・15
シャピーロ	Stuart Shapiro (1947－) 4・12
シャプレー	Harlow Shapley (1885－1972) 5・1
シュヴァルツシルト	Karl Schwarzschild (1873－1916) 3・2、4・1、5・1
シュテファン	Joseph Stefan (1835－93) 1・2

真貝寿明（しんかいひさあき）

1966年東京都生まれ。大阪工業大学情報科学部教授。早稲田大学理工学部物理学科卒業。同大学院博士課程修了。博士（理学）。早稲田大学助手、ワシントン大学（米国セントルイス）博士研究員、ペンシルバニア州立大学客員研究員（日本学術振興会海外特別研究員）、理化学研究所基礎科学特別研究員などを経て現職。著書に『徹底攻略 微分積分』『徹底攻略 常微分方程式』『徹底攻略 確率統計』（以上、共立出版）、『図解雑学 タイムマシンと時空の科学』（ナツメ社）、『日常の「なぜ」に答える物理学』（森北出版）などがある。

ブラックホール・膨張《ぼうちょう》宇《う》宙《ちゅう》・重力《じゅうりょく》波《は》
一般《いっぱん》相《そう》対《たい》性《せい》理《り》論《ろん》の100年《ねん》と展《てん》開《かい》

2015年9月20日初版1刷発行

著者 —— 真貝寿明
発行者 —— 駒井 稔
装幀 —— アラン・チャン
印刷所 —— 萩原印刷
製本所 —— ナショナル製本
発行所 —— 株式会社光文社
東京都文京区音羽1-16-6（〒112-8011）
http://www.kobunsha.com/
電話 —— 編集部03(5395)8289 書籍販売部03(5395)8116
業務部03(5395)8125
メール —— sinsyo@kobunsha.com

 ISBN 978-4-334-03877-9

764
人生に疲れたらスペイン巡礼
飲み、食べ、歩く800キロの旅
小野美由紀
普通の旅行じゃ物足りない、世界中の人と出会いたい、大人の自分探し、やせたい……etc.目的は人それぞれ。いつかは行きたいカミーノ・デ・サンティアゴがまるごとわかる一冊。
978-4-334-03867-0

765
なぜ戦争は伝わりやすく平和は伝わりにくいのか
ピース・コミュニケーションという試み
伊藤剛
戦争を起こし、拡大する①「権力者の法則」②「メディアの構造」③「大衆の心理」の「三位一体モデル」の分析を基に、平和を維持するための新たな方法論を模索する。
978-4-334-03868-7

766
「快速」と「準急」はどっちが速い？
鉄道のオキテはややこしい
所澤秀樹
「急行」より速い「区間快速」!?「普通」と「各停」の違いは？土曜・休日は東急線内に幽閉されるメトロ車……ややこしくて解せないがなぜか惹かれる鉄道のディープな世界へご招待。
978-4-334-03869-4

767
老人に冷たい国・日本
「貧困と社会的孤立」の現実
河合克義
高齢者3000万人時代——。NHK『無縁社会』『老人漂流社会』に協力・出演した著者が、30年の調査・研究データをもとに、これからの時代に必要な視点と、問題解決へのシナリオを示す。
978-4-334-03870-0

768
教養は「事典」で磨け
ネットではできない「知の技法」
成毛眞
辞書・辞典・事典・図鑑。これらは子どもの調べもののためではなく、大人が読んでこそ面白い「本」である。おすすめの作品を紹介しつつ、他の本にはない知的活用法を教える。
978-4-334-03871-7

769
薬を使わない薬剤師の「やめる」健康法
宇多川久美子
健康のために何かを「する」ことで、不健康になるのはなぜ？「足し算」ではなく「引き算」が、健康と幸せを引き寄せる！運動、食事、日常の小さな習慣で自然治癒力を高める方法。
978-4-334-03872-4

770
はじめての不倫学
「社会問題」として考える
坂爪真吾
「不倫」を「個人の問題」ではなく、「社会の問題」として捉えなおすことによって、「不倫」の予防と回避のための智恵と手段を伝授する。本邦初の実践的不倫学！
978-4-334-03873-1

771
メカニックデザイナーの仕事論
ヤッターマン、ガンダムを描いた職人
大河原邦男
「私が心掛けているのは、たとえアニメの世界であったとしても『嘘のないデザイン』をすることです」――日本初のメカニックデザイナーが語る、デザイン論、職人論、営業論。
978-4-334-03874-8

772
昆虫はもっとすごい
丸山宗利
養老孟司
中瀬悠太
アリの巣に居候しタダ飯を食うハネカクシ、交尾だけに生きるネジレバネ、全く意味の分からない形をしたツノゼミ……。虫たちの面白き生態を最強の〝虫屋〟トリオが語りつくす!!
978-4-334-03875-5

773
教育虐待・教育ネグレクト
日本の教育システムと親が抱える問題
古荘純一　磯崎祐介
家庭や学校で、教育やしつけをめぐり虐待的対応を受けて不適応を起こす日本の子どもたち。本来求められる対応とは。児童精神科医とアスペルガー障害当事者による分析と報告。
978-4-334-03876-2

光文社新書

774
ブラックホール・膨張宇宙・重力波
一般相対性理論の100年と展開
真貝寿明

アインシュタイン自身の想像を超えるほど、一般相対性理論が描く世界は奇妙なものだった。現代物理学の最先端の知見は私たちに何をもたらすのか。最新の研究成果を交えて探る。

978-4-334-03877-9

775
痛くない体のつくり方
姿勢、運動、食事、休養
若林理砂

痛みによって、仕事の効率や精度が下がり、果ては発想力まで奪われる！　人気鍼灸師が「ペットボトル温灸」「爪楊枝鍼」など身近にあるものでできる体のメンテナンス法を紹介する。

978-4-334-03878-6

776
ドイツリスク
「夢見る政治」が引き起こす混乱
三好範英

エネルギー転換、ユーロ危機、ロシア・中国という二つの東方世界への接近――この3つのテーマから、ドイツの危うさの正体を突き止め、「ドイツ見習え論」に警鐘を鳴らす。

978-4-334-03879-3

777
誤解だらけの日本美術
デジタル復元が解き明かす「わびさび」
小林泰三

実は真っ赤な阿修羅、きらめいてきた銀閣、ド派手な風神雷神…。最新のデジタル技術で国宝の本当の姿を復元し、当時の環境を理解すれば、日本美術の見方がガラリと変わる！

978-4-334-03880-9

778
「儲かる会社」の財務諸表
48の実例で身につく経営力・会計力
山根節

アップルvs.グーグル、楽天vs.アマゾン、キリンvs.サントリーなど、大企業の戦略の違いをわかりやすく図解しながら、ざっくり、アバウトに財務諸表を読み解くコツを教える。

978-4-334-03881-6